COURS
D'ÉCONOMIE AGRICOLE

& de Culture usuelle,

PROFESSÉ

Par M. GAUCHERON,

Membre de la Société d'Agriculture, Sciences, Lettres et Arts d'Orléans,
Professeur de Chimie agricole du Comice d'Orléans;

PUBLIÉ

Sous les auspices du Conseil général du
département du Loiret et du Comice
de l'arrondissement d'Orléans;

ET RÉDIGÉ PAR

M. A. COTELLE,

Secrétaire du Cours de Chimie agricole & du Cours d'Agriculture.

———◆◆◆———

ÉCONOMIE AGRICOLE.

———

PLANTES FOURRAGÈRES.

Prix : 1 fr. 25 centimes.

———

ORLÉANS,

Alphonse GATINEAU, Libraire-Éditeur.

—

MDCCCLXV.

1865

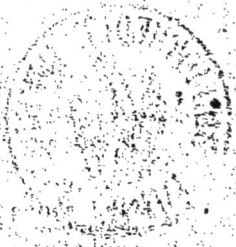

ORLÉANS. — IMP. D'ÉMILE PUGET ET Cⁱᵉ, RUE VIEILLE-POTERIE, 9.

INTRODUCTION.

Nous avons, dans nos ouvrages précédents, indiqué au cultivateur comment s'est formé le sol qu'il cultive ; après lui avoir fait connaître la nature des éléments qui le constituent et leurs propriétés les plus importantes, nous sommes arrivés à examiner les moyens que le praticien peut appeler à son aide pour améliorer ce sol.

Ces moyens, nous les connaissons aujourd'hui : ce sont les diverses façons qu'on donne à la terre, telles que labours, hersages, etc. ; travaux qui ayant pour but son ameublissement, son aération, lui apportent la vie, en lui permettant, en quelque sorte, de respirer à son aise.

Ce sont aussi des amendements de toutes sortes, qui venant corriger ou détruire les défauts naturels de la terre, la modifient dans sa nature première en la rendant plus perméable, plus facile à travailler et aussi par cela même plus productive.

Ce sont encore les travaux de drainage et d'irrigation, qui ont pour but de maintenir dans la terre, une dose d'humidité convenable et nécessaire aux récoltes ; travaux nécessaires très souvent, mais que le cultivateur ne peut entreprendre que rarement, parce que l'exécution en est difficile et toujours coûteuse.

Enfin, ce sont les engrais, c'est-à-dire ces corps si nombreux, d'origines si diverses, qui servant d'alimentation à nos récoltes, facilitent leur développement, leur croissance, et sont ainsi la base de l'agriculture. Les engrais étant pour nos cultivateurs les auxiliaires les plus puissants, nous avons pensé qu'il était indispensable de donner le moyen de les apprécier à leur juste valeur. Aussi, prenant pour type l'engrais naturel de la ferme, c'est-à-dire le fumier, nous en avons examiné comparativement la valeur avec tous les autres engrais, soit qu'ils nous aient été fournis par le règne animal ou le règne végétal, soit qu'ils aient été empruntés au règne minéral.

Nous avons appelé surtout l'attention du praticien sur la valeur des engrais fournis par le commerce. C'est, qu'en effet, les engrais industriels, grâce aux progrès sans cesse croissants de notre agriculture, sont devenus aujourd'hui une nécessité. Nous devions donc en faire connaître au cultivateur la valeur, afin que leur emploi ne pût lui causer aucune déception. Ensuite, pour que les praticiens pussent échapper à la cupidité de certains marchands d'engrais qui ne font pas toujours leur commerce avec toute la loyauté désirable, nous avons insisté sur les précautions qu'avait à prendre le cultivateur pour ne pas être victime de sa bonne foi dans ses acquisitions.

Enfin, nous avons terminé par un aperçu général sur les défrichements. Et passant successivement en revue les divers systèmes de défrichements employés jusqu'à nos jours, soit dans l'ouest de la France, soit dans le Poitou et dans la Sologne, nous avons fait nos efforts pour signaler à l'homme, qui veut se livrer aux défriche-ments, tous les écueils qu'il peut rencontrer dans cette pratique. Mais nous avions hâte aussi de le rassurer en lui démontrant que les terres de défrichements ont de l'avenir, et que toujours on mène à bien de pareilles entreprises, si l'on sait les diriger avec prudence et per-sévérance.

Tel est en quelques mots notre travail des dernières années qui viennent de s'écouler.

Nous aurions pu nous arrêter ici, mais nous avons pensé que notre tâche n'était pas achevée, et que pour être complètement utile aux cultivateurs de nos contrées, nous devions les suivre et les diriger dans leurs cultures les plus ordinaires.

Nous nous proposons donc de prendre le cultivateur, à son début, à son entrée dans la ferme, de le suivre dans ses diverses cultures en lui indiquant les prépara-tions les plus convenables à donner à la terre, pour chaque espèce de culture, en lui en marquant la place la plus rationnelle dans l'assolement, en lui indiquant les engrais qui paraissent le plus profitables à chaque ré-colte, et en lui faisant connaître les maladies qui peu-vent envahir ces cultures; enfin, en décrivant les soins que réclament les richesses du sol lorsqu'elles sont ré-coltées.

Tel est le programme, qui nous reste à suivre pour compléter notre travail.

Mais avant d'aborder toutes ces questions si dignes d'intérêt pour nos cultivateurs, il est de notre devoir de donner à l'homme qui veut se livrer à la culture, quel-ques principes d'économie rurale ou agricole.

L'étude de ces principes paraît d'autant plus impor-

tante, que nous croyons être dans le vrai, en disant ici
que la généralité des insuccès qu'on rencontre dans la
culture, tient à l'ignorance même de ces principes.

Ajoutons qu'il est regrettable de voir que les choses ne
se passent pas chez nous comme en Allemagne, où nous
voyons ceux qui veulent se livrer à l'agriculture, commencer par l'étude de l'économie agricole ; tandis que
chez nous on n'étudie que la culture proprement dite.

Quelques considérations vont suffire pour donner une
idée des avantages que peut retirer le cultivateur de
l'étude de l'économie agricole.

Nous avons considéré l'agriculture comme une industrie.

Qu'est-ce qu'une ferme, en effet, sinon une véritable
fabrique où l'on fait produire à la terre des denrées commerciales de toutes sortes : grains de toute espèce,
viandes, laines, lait, beurre, etc.

Mais, si jusqu'ici notre comparaison présente un fond
de vérité, il n'en est plus de même si nous venons à
comparer l'état de l'économie industrielle à l'état de
notre économie agricole. Ne voyons-nous pas tous les
jours que nos bons industriels, c'est-à-dire ceux qui
réalisent les plus beaux bénéfices, sont ceux qui savent
avant tout calculer. On ne les voit jamais se livrer à la
fabrication ou à la vente d'un produit, sans qu'ils se
soient à l'avance rendu un compte exact du prix de revient de ce produit et du prix auquel ils pourront le
le livrer à la vente. Par ce moyen, en effet, ils connaissent de suite et d'avance les bénéfices qu'ils pourront
réaliser.

Malheureusement nous sommes bien loin encore du
jour où il en sera de même pour l'agriculture.

Ne voyons-nous pas trop souvent des cultivateurs défricher des terres en Sologne, sans prendre la peine de calculer, à l'avance, ce à quoi ils s'engagent. Aussi que de déceptions! que d'insuccès qui ne leur arriveraient certainement pas, si, en hommes prudents, ils prenaient la peine de se rendre compte des frais et des chances que peut présenter une pareille entreprise.

Tous les ans aussi nos cultivateurs conduisent sur leurs champs le fumier de la cour ou des étables, mais lorsque l'opération est terminée, si nous demandions par hasard, à la généralité de ces praticiens, à combien leur revient la fumure de leurs champs, ils seraient très-embarrassés pour nous répondre; aussi, lorsqu'après la récolte, le cultivateur devient commerçant, lorsqu'il apporte ses produits sur nos marchés, quel que soit le prix qu'il les vende, il ne saura jamais nous établir son bénéfice net. En travaillant ainsi, sans calcul, nos cultivateurs ne sont donc jamais certains qu'ils se livrent à de bonnes opérations.

Nous pourrions multiplier ici ces exemples, mais en voilà assez pour démontrer, dès à présent, à nos cultivateurs l'utilité pour eux d'acquérir quelques notions d'économie agricole, et leur faire comprendre que ce n'est qu'au moyen de bons calculs économiques, qu'ils arriveront à réaliser des bénéfices nets et certains.

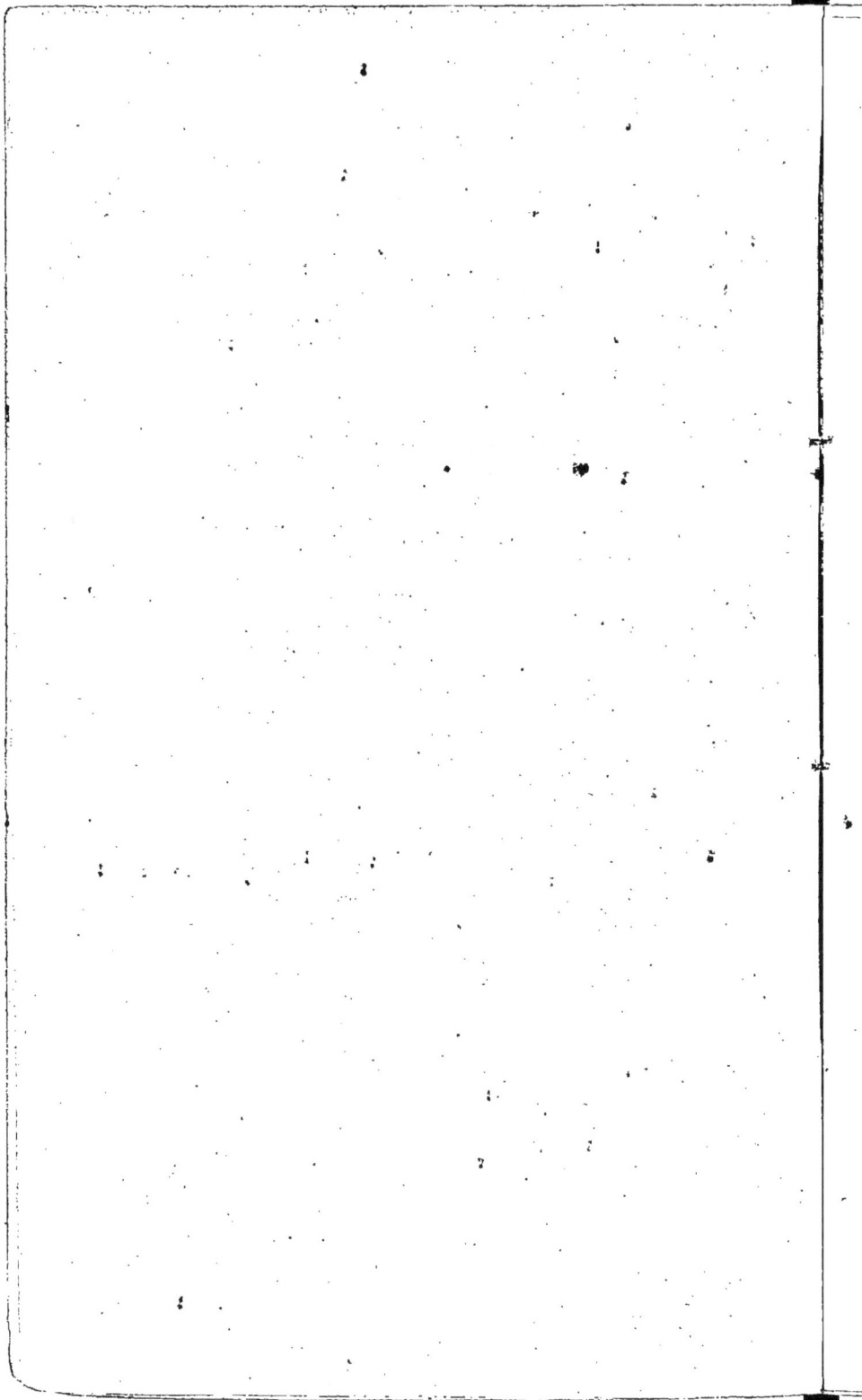

COURS D'ÉCONOMIE AGRICOLE

ET

DE CULTURE USUELLE.

CHAPITRE PREMIER.

De l'économie agricole. — Principes généraux.

Nous pouvons définir l'économie agricole de la manière suivante : l'ensemble des principes qui indiquent la marche à suivre pour tirer le meilleur parti du sol ;

Ou autrement, l'économie agricole est tout ce qui se rapporte à l'organisation, à la direction d'une ferme, à la bonne disposition de ses bâtiments, à la destination spéciale des terrains, à l'exécution intelligente des travaux agricoles, enfin à l'écoulement facile des produits de cette ferme.

Après avoir en quelques mots établi et ce qu'on doit entendre par économie agricole et son utilité,

1.

nous allons poser quelques principes généraux utiles à ceux qui voudront embrasser la carrière d'agri-
culteur.

Cela suffira, nous le pensons, pour leur faire
comprendre que l'agriculture n'est pas, comme on
le croit trop souvent, un art grossier reposant entièrement sur des pratiques manuelles et routi-
nières ; mais bien, au contraire, une science ayant
comme toutes les autres, ses règles et ses doctrines.

Du choix d'une Ferme.

Avant de prendre la direction d'une ferme,
l'homme qui va se livrer à la culture doit bien se
persuader de cette grande vérité, que la culture
n'est point un art unique, fixe et invariable, mais
bien l'application de certaines règles qui varieront
suivant les ressources, la nature du sol, le climat,
les besoins des localités et leurs débouchés. Bien
convaincu de cette vérité, notre homme se posera
d'abord les questions suivantes :

1° Quelle est l'étendue de la ferme que je vais
prendre ?

2° Quelle est la nature de son sol ?

3° Quelle est la configuration de ce sol ?

4° Quelle est la facilité des débouchés ?

Voyons s'il nous sera possible d'éclairer le cultivateur sur chacune de ces questions, et cherchons à lui donner quelques conseils dont il pourra profiter au besoin.

De l'étendue de la Ferme.

Nous entendrons ici, par étendue de la ferme, le nombre d'hectares de terre cultivables que contient une exploitation. Avant de prendre une ferme, on devra surtout bien prendre en considération son étendue et calculer ses ressources; car, pour bien cultiver ou bien faire valoir les terres d'une ferme, nous pouvons dire d'une manière générale qu'il faut avoir à sa disposition un capital qui soit proportionné à l'étendue de ses terres. En effet, de même que le capital est le levier le plus puissant pour réussir en industrie, de même aussi, le cultivateur pour ne pas être gêné dans ses affaires, pour obtenir des bénéfices certains, devra avant tout posséder un capital suffisant pour faire largement face à tous les besoins de sa culture. Bien que le capital engagé dans une exploitation agricole reçoive des destinations bien différentes, néanmoins tout le monde sait qu'une portion de ce capital est représentée par de l'engrais. Or, l'exemple suivant va de suite nous donner une idée du rôle que joue le capital en agriculture, lorsqu'il est appliqué comme engrais. Supposons deux fermiers cultivant chacun un hectare de terre ensemencé en blé, le premier ne pouvant appliquer comme fumure à son hectare de terre, que la somme de 96 fr., soit 12,000 kilos de fumier, l'autre, au contraire, pouvant disposer pour le même cas, d'une somme de 160 fr., soit 20,000 kilos de fumier. Si maintenant nous admettons, comme tout le monde, que 100 kilos de fumier donnent en moyenne 10 kilos de grain, le premier cultivateur obtiendra pour sa récolte, 1,200 kilos de blé, soit 15 hectolitres, plus 2,700 kilos de paille. Le second, au contraire, par le même calcul obtiendra, pour récolte, 2,000 kilos de blé, soit 25 hectolitres, plus 4,500 kilos de paille. En établissant le produit brut de la récolte au prix moyen, nous avons pour le premier hectare :

15 hectolitres de blé, à 18 fr. = 270 fr.
2,700 k. de paille, à 20 fr. les 1,000 k. = 54

Produit brut : 324 fr.

Établissant le même calcul pour le second hectare, nous aurons :

25 hectolitres de blé, à 18 fr. = 450 fr.
4,500 k. de paille, à 20 fr. les 1,000 k. = 90

Produit brut : 540 fr.

Mais pour obtenir ces deux récoltes si différentes, outre le prix des fumures, nos deux cultivateurs ont eu à payer les frais de location, de culture, de moisson, etc. Si nous prenons, pour estimer ces frais, les chiffres que nous donne l'honorable M. Lecouteux, nous trouvons que le premier cultivateur pour obtenir une récolte brute de 324 fr., a déboursé 315 fr.; son bénéfice net a été de 9 fr. pour son hectare de culture : tandis que le second ayant eu une récolte brute estimée 540 fr. et les frais s'étant élevés à 438 francs, son bénéfice net est de 92 francs.

Par ce calcul, on arrive à trouver que, dans le premier cas, l'hectolitre de blé revient au cultivateur à 17 fr. 40, tandis que dans le second cas, il ne lui revient qu'à 14 fr. 72.

Voilà certainement deux cultivateurs placés dans des conditions bien différentes, l'un avec un capital de 315 francs, n'a pu réaliser qu'un bénéfice net de 9 francs, c'est à peine 3 °/₀ de son capital engagé ; tandis que l'autre, ayant à sa disposition un capital plus élevé, réalise un bénéfice net de 92 francs, soit 17 pour cent de son capital engagé. Quelle leçon dans ce rapprochement, et combien cet exemple devrait être un enseignement profitable à nos cultivateurs ou aux personnes qui veulent se livrer à la culture! Il nous permet, en effet, de tirer les conclusions suivantes :

1° Pour obtenir en agriculture des bénéfices assurés, il faut, avant tout, calculer ses ressources et ses moyens d'action ;

2° Il n'y a que les fortes fumures qui peuvent donner des bénéfices certains et importants ;

3° Enfin, quelle que soit l'étendue de la ferme, quand un cultivateur ne possède dans sa cour ou dans ses étables que la quantité de fumier nécessaire pour fumer convenablement et avantageusement 20 hectares de terres, il ne doit pas en fumer davantage , mais bien créer sur le reste de ses terres des pâturages, qui lui permettront de nourrir un nombreux bétail et par ce moyen d'améliorer sa ferme sans courir aucun risque.

N'oublions donc pas que c'est par l'observation de ces dernières règles que nous arriverons à pratiquer un système de culture véritablement productif, le seul qui puisse nous donner les produits du sol à bon marché et faire regarder l'agriculture, comme la base d'un placement lucratif pour les capitaux.

Les observations que nous venons de mettre sous les yeux du cultivateur prouvent qu'il doit d'abord prendre en considération l'étendue de la ferme qu'il va exploiter, mais elles démontrent, en outre, les avantages du capital en agriculture. Il nous reste à indiquer, si cela est possible, le chiffre qu'on estime comme nécessaire pour bien cultiver une ferme d'une certaine étendue, et ce sera l'objet du chapitre suivant.

CHAPITRE II.

Évaluation approximative du capital nécessaire à l'exploitation d'une Ferme.

Il n'est pas très-facile d'établir d'une manière rigoureuse le capital nécessaire à l'exploitation d'une ferme; car le chiffre de ce capital, qui se compose de toutes les dépenses qu'on doit faire à la ferme, peut varier selon les localités, le mode de culture, le loyer de la ferme et le prix des bestiaux. Nous trouvons cependant quelques agronomes qui ont cherché à nous donner des chiffres pouvant guider un peu nos cultivateurs.

Mathieu de Dombasle, prenant pour la France une moyenne, eu égard aux diverses circonstances qui peuvent faire varier ce capital, en avait ainsi établi le chiffre : 60,000 fr. pour une ferme de

200 hectares, soit dans ce cas 300 fr. par hectare ;
40,000 fr. pour une ferme de 100 hectares, soit
dans ce dernier cas, 400 fr. par hectare. D'autres
agronomes prennent pour base le prix du fermage,
c'est-à-dire la rente que produit la location. Ils
établissent dans ce cas qu'il faut que le minimum
du capital d'exploitation soit dix fois plus élevé que
le prix de location de l'hectare de terre, quand ce
prix est de 30 fr. ou au-dessous ; neuf fois plus
élevé, quand le prix de location de l'hectare est de
30 à 40 fr. ; huit fois plus élevé, s'il est de 40 à
50 fr. ; enfin, sept fois seulement, si le prix de location est de 60 à 100 fr. Il résulte de ceci qu'une
ferme de 100 hectares louée :

3,000 f.	exigerait un capital de	30,000 f.	, soit par hect.	300 f.
4,000	—	—	36,000	—	360
5,000	—	—	40,000	—	400
6,000	—	—	45,000	—	450
7,000	—	—	50,000	—	500
8,000	—	—	56,000	—	560
9,000	—	—	63,000	—	630
10,000	—	—	70,000	—	700

Maintenant, pour une ferme de 200 ou de 300
hectares, dont les terres seraient louées à raison de
30 fr. l'hectare, le capital d'exploitation serait augmenté seulement de moitié ; c'est-à-dire que, pour
une ferme de 200 hectares, louée 6,000 fr., il serait
de 45,000 fr., et s'élèverait dans ce cas à 60,000 fr.
pour une ferme de 300 hectares, louée 9,000 fr.
Pour une ferme de 200 hectares, louée à raison de

40 fr. l'hectare, le capital devrait être aussi augmenté de moitié, soit 54,000 fr., et s'élèverait dans le même cas à 72,000 fr. pour une ferme de 300 hectares, louée à raison de 40 fr. l'hectare.

En appliquant un même calcul, on arriverait à trouver le capital nécessaire à l'exploitation de toute ferme au-dessus de 100 hectares, quels que soient son étendue et son prix de location.

Quoique cette appréciation du capital nécessaire pour une ferme, soit basée sur ce principe : que les dépenses de toute nature qu'exige le faire-valoir d'une ferme doivent être généralement en rapport avec son prix de location ; nous n'en voyons pas moins que le chiffre de ce capital peut varier beaucoup, et qu'il est difficile de l'établir d'une manière rigoureuse. Si nous supposons un moment que, pour une ferme de 100 hectares, il faut un capital minimum de 30,000 fr., nous découvrons de suite une des plaies de notre agriculture française. Car on ne s'éloigne pas de la vérité en disant ici que la majorité de nos fermiers ne possèdent pas, en entrant dans une ferme, la moitié de ce capital actif. Il n'en faut pas davantage pour faire comprendre l'état fâcheux de notre agriculture et expliquer le peu de progrès qu'elle peut faire. Ajoutons que cette vérité, qu'on commence à comprendre plus que jamais, était aussi jadis incontestable ; car il est un vieil adage qui dit : « *Agriculteurs pauvres, pauvre agri-* « *culture.* » Et personne, mieux que Columelle, n'a exprimé cette pensée quand il a dit : « *Le champ* « *doit être plus faible que le laboureur ; car s'il est* « *plus fort, le maître est écrasé.* »

C'est donc une grave erreur que commettent trop souvent les hommes qui veulent se livrer à la culture, que de prendre des fermes au-dessus de leurs forces, c'est-à-dire sans avoir le capital nécessaire pour bien les cultiver.

Qu'arrive-t-il alors, c'est que, malgré l'ordre, l'activité, l'intelligence et le travail, ils ne peuvent pas faire de bénéfices, et alors pas d'amélioration possible ! et pas de bonne agriculture !

On les voit tous les jours dans une gêne continuelle, obligés de vendre à vil prix ou d'acheter dans de mauvaises conditions, finissant trop souvent par succomber. Cela est d'autant plus fâcheux que si leur ambition eût été moins grande, s'ils avaient pris une ferme moins étendue, et, par cela même, plus en rapport avec leurs ressources, ils auraient pu vivre heureux et faire de bonnes affaires.

Trop souvent l'espérance en illusionne un certain nombre ; ils comprennent bien l'insuffisance de leurs ressources ; mais ils comptent sur de bonnes récoltes les premières années ; ils espèrent ainsi se faire de beaux bénéfices et par cela même se créer le capital qui leur manque.

Mais les premières années, en agriculture, comme partout, sont toujours les plus difficiles, et voici comment s'exprime à ce sujet Mathieu de Dombasle dans ses *Annales de Roville* :

« *Compter sur les bénéfices pour compléter un capital insuffisant est le calcul le plus erroné ; car le capital est la condition la plus indispensable à la création de ce bénéfice. Il n'est personne qui ne sache que lorsqu'on veut apporter des modifications importantes au système de culture, auquel était soumis un domaine, on doit se résigner à la nécessité d'éprouver beaucoup de non-valeurs dans les premières années d'exploitation. D'ailleurs, dans les débuts d'une entreprise agricole, on doit s'attendre à des non-valeurs d'un autre genre ; parce que l'homme le plus expérimenté commettra certainement, dans un domaine qu'il ne connaît pas encore, des fautes qui diminuent d'autant les bénéfices qu'il eût pu faire. Dans ces circonstances, commencer avec un capital qui serait insuffisant pour la marche d'une entreprise dans son cours régulier d'activité, est une faute que l'on paiera presque toujours par une chute éclatante ou par la lente agonie de quelques années de stériles efforts.* »

Nous venons de chercher à indiquer le chiffre du capital nécessaire pour faire de la grande culture, voyons maintenant si ce chiffre doit être le même lorsqu'il s'agira de cultiver quelques hectares ou parcelles de terre. C'est ici le cas de rappeler ce que nous avons déjà dit : c'est que si les lois naturelles d'où découlent les principes de l'agriculture sont

immuables, l'application de ces principes est variable à l'infini. Ne voyons-nous pas, en effet, que
notre petite culture est généralement bonne et productive; et cependant elle dispose d'un capital insignifiant. La réflexion seule va nous faire comprendre pourquoi il en est ainsi. Dans une ferme d'une
certaine étendue, tout le travail est confié à des
serviteurs, et le travail des serviteurs est toujours
très-onéreux, non-seulement parce qu'on n'en rencontre jamais de gratuits, mais aussi parce qu'il est
généralement moins bon. Dans la petite culture, au
contraire, tout le travail est presque gratuit, puisqu'il est confié à la famille. Ce travail est ensuite
meilleur, parce que chacun se trouve intéressé à ce
que ses efforts soient aussi productifs que possible.
Lorsque par hasard la famille appelle à son secours
quelques bras étrangers, leur travail est meilleur,
parce qu'ils se trouvent assujettis à une surveillance
continuelle. Nous voyons que, dans ce cas, la majeure partie du capital est représentée par le travail
de la famille, et ce capital est si important, que les
produits de la petite culture, quoique obtenus à
force de bras, ont toujours été chez nous les moins
coûteux.

Nous avons démontré l'utilité du capital en agriculture, la nécessité que son chiffre soit en rapport
avec l'étendue de la ferme que l'on veut cultiver.
Nous avons à rechercher maintenant pourquoi le
cultivateur, avant de prendre une ferme, doit se
préoccuper de la nature des terres.

Nature des terres de la Ferme.

Tout homme qui veut faire de la culture, doit rechercher autant que possible une ferme dont l'ensemble des terres soit d'une bonne qualité, d'une culture facile et propre à toute espèce de récoltes. N'oublions pas cependant qu'il est à désirer que toutes les terres d'une exploitation ne soient pas de la même nature, qu'il y en ait de fortes ou argileuses, de légères ou siliceuses, de sèches et de fraîches. Cette disposition permet au cultivateur de pouvoir varier davantage ses cultures, d'avoir du travail en toutes saisons et lui fournit au besoin la facilité d'améliorer ces terres l'une par l'autre. Convenablement renseigné sur la nature des terres qu'il va exploiter, notre cultivateur ne doit pas ignorer qu'à moins de conditions spéciales du propriétaire, le fermier qu'il va remplacer a, comme on le dit vulgairement, surchargé ses terres ; qu'il a défriché ses prairies, et qu'il a fait, le plus qu'il lui a été possible, des grains de vente. Or, nous savons que les cultures de toute espèce de graines, étant épuisantes, les terres de la ferme resteront alors généralement dans un certain état d'épuisement, et nous ne devons pas oublier que cet épuisement se fait toujours moins sentir sur les terres argileuses que sur les terres légères ou siliceuses. Mais ce n'est pas tout ; puisque nous venons de voir que le cultivateur sortant a détruit la majeure partie de ses prairies, il ne laisse plus au cultivateur entrant la quantité de fourrages nécessaire à la nourriture du bétail, dont il aura besoin pour faire une quantité de fumier suffisante à une bonne culture. Il résulte de ceci, qu'en entrant dans une exploitation, si l'on veut avoir le bétail nécessaire pour faire de bonne culture, on se trouve momentanément obligé, ou d'acheter des fourrages pour le nourrir et produire de l'engrais, ou bien de se créer de nouvelles ressources fertilisantes, au moyen des composts, ou bien encore de tirer du dehors les engrais dont on a besoin.

Maintenant, en homme intelligent, notre futur cultivateur ne doit pas perdre de vue que, quel que soit l'état de fertilité d'une ferme, il n'en est guère qui ne possède quelques terres susceptibles d'être améliorées, et c'est là qu'un bon économiste doit chercher à calculer d'avance les sacrifices qu'il devra s'imposer pour l'amélioration de ces terres.

Supposons, par exemple, que notre ferme possède des terres dont la fertilité puisse s'accroître par le marnage, on devra s'inquiéter si la marne se trouve sur les terres de l'exploitation; dans le cas contraire, le prix que cette marne coûterait, si on est obligé d'aller la prendre plus loin.

Il ne sera pas aussi sans intérêt de se renseigner un peu sur la valeur de la marne, dont on pourrait disposer; car, suivant sa nature même elle pourra remplir un double but. Calcaire ou siliceuse, elle conviendra surtout à l'amélioration des terres fortes et argileuses. A l'état de marne argileuse, elle remplacera économiquement l'argile pour donner aux terres légères et siliceuses plus de plasticité, les empêcher de se dessécher aussi facilement, et par cela même les améliorer.

Puisque, comme nous l'avons vu, le terreaudage est un bon moyen pour augmenter la fertilité du sol, on devra s'occuper de savoir s'il existe, sur la ferme, des terres convenables pour pratiquer avec succès cette opération.

Si, sur la ferme existent des défrichements à faire, et si les circonstances permettent de les entreprendre, on devra alors examiner avec soin quelle est la nature de ces terres à défricher, et quel parti on pourra en tirer. Le cultivateur ne devra pas oublier que chaque hectare de terres neuves, qu'il voudra mettre en culture, exige du travail, du capital et de l'engrais; que cet engrais qui va lui être nécessaire, doit être acheté ; car il ne peut être emprunté aux vieilles terres qui souvent déjà n'en ont pas assez. Enfin, il ne devra pas oublier aussi que, pour mener à bonne fin une pareille entreprise, il faut aller lentement, agir avec prudence et persévérance.

Suffisamment éclairés sur toutes ces questions, examinons un peu quelle est la configuration du sol de la ferme.

Configuration du sol de la Ferme.

Sous ce titre, nous entendrons ici la disposition des terres de la ferme, leur grandeur et leur distance des bâtiments d'exploitation. Nous avons dit qu'avant d'entrer dans une ferme, tout devait être pesé et calculé. Or, on ne saurait apporter trop de soins à posséder des terres d'un seul tenant, ou, à défaut de cet avantage, des terres disposées en grandes pièces et le moins possible distantes des bâtiments de l'exploitation. C'est qu'en effet, des terres éloignées, ou en pièces trop petites, ont un inconvénient, celui de faire perdre beaucoup de temps aux attelages, soit pour les façons à donner à la terre, soit pour la rentrée des moissons. Or, comme le temps est un capital, on augmente ainsi singulièrement les frais de culture. D'un autre côté, si les pièces de terre sont trop divisées ou enclavées les unes dans les autres, il devient presque impossible de les améliorer; en outre le passage continuel des uns sur les autres expose trop souvent les cultivateurs à des discussions et quelquefois même à des procès. La configuration du sol la plus favorable à la culture d'une ferme et à son amélioration, est celle où les bâtiments d'habitation sont placés au centre. Cette disposition, trop rare, il est vrai, permet facilement au fermier d'embrasser, d'un coup-d'œil, tout à la fois les travaux de l'intérieur et de l'extérieur de sa ferme.

Un mot maintenant sur les débouchés et voies de communication.

Dans la location d'une ferme, trop souvent on ne fait pas assez attention aux débouchés qu'elle présente et aux voies de communication qui peuvent l'entourer. On devrait pourtant songer qu'une fois installé dans une exploitation, l'on va obtenir des produits de toute nature qui ne seront pas consommés sur place.

Pour avoir un écoulement facile de ses produits, on doit donc chercher à choisir des localités situées près de marchés importants, percées de routes et de bons chemins. Tous nos cultivateurs commencent pourtant à comprendre que le mauvais état des chemins, qui avoisinent leurs fermes, est pour eux un surcroît de dépenses; parce que leur parcours ne peut s'effectuer qu'en augmentant leurs attelages et en faisant perdre beaucoup de temps aux serviteurs. Cela est si vrai que nous voyons aujourd'hui des cultivateurs réparer par eux-mêmes leurs chemins, bien convaincus des avantages qu'ils peuvent y trouver.

Il ressort de ce que nous venons de dire, que toutes les fois qu'un cultivateur exploitera une ferme éloignée de marchés importants, privée de voies de communication faciles, il aura intérêt à renoncer à la production des matières encombrantes et d'un transport onéreux comme les grains. Il lui sera plus profitable de se livrer à l'élève et à

2

l'engraissement du bétail, à faire de la viande, de la laine, des fromages, produits qui en général peuvent s'expédier au loin avec beaucoup moins de frais et néanmoins rémunérer convenablement ses efforts.

CHAPITRE III.

De l'intérieur des fermes et du personnel qui s'y rencontre.

Avant de suivre le cultivateur dans l'intérieur de la ferme, il nous reste encore à signaler à son attention un point important, c'est de ne pas se laisser trop séduire par le bas prix de la location des terres d'une ferme. Car, de même qu'un objet quelconque, livré à bas prix, se détruit vite, ne porte aucun profit et finit par devenir plus coûteux qu'un plus cher qui serait bon ; de même aussi de mauvaises terres, quelque bas que soit leur prix de location, deviennent souvent plus chères que des bonnes, parce qu'elles donnent difficilement des résultats en rapport avec le travail qu'elles exigent, et que les améliorations en sont difficiles et coûteuses.

Après avoir bien pesé toutes les considérations
que nous venons d'établir, il ne reste plus à l'homme
qui veut se livrer à la culture qu'à prendre à bail
la ferme qu'il croira pouvoir lui convenir. Il ne
nous appartient point ici de discuter les clauses et
conditions d'un bail à ferme. Nous dirons seulement que ces conditions doivent être équitables
et sauvegarder les intérêts du propriétaire et du
fermier.

Mais nous ferons observer à l'homme qui veut se
faire cultivateur, qu'il y a toujours pour lui avantage à obtenir un bail de longue durée. C'est qu'en
effet, si notre homme est intelligent, il devra naturellement chercher à améliorer les terres qu'il exploite, et il voudra peut-être y introduire quelques
essais de nouvelle culture. Or, nous savons tous
que les améliorations agricoles sont coûteuses et
lentes à produire ; et alors comme il est juste qu'il
retrouve avec le temps, par une augmentation de
produits, le fruit de ses travaux, nous signalons
pour lui l'importance d'un long bail.

En émettant ici de pareilles idées, ajoutons que
ce sera aussi dans l'intérêt des propriétaires ; car,
lorsqu'une ferme a été bien cultivée, lorsqu'elle a
reçu quelques améliorations, quelque avantageuses
que soient les récoltes qu'on en obtienne, elle conserve généralement à la fin du bail une plus-value
dont devra profiter le propriétaire lorsqu'il voudra
l'affermer à nouveau.

Maintenant, avant d'introduire le cultivateur à la ferme, il est encore deux points importants sur lesquels il faut appeler son attention :

1º Quelle que soit la nature des terres qu'il est appelé à cultiver, quelles que soient ses ressources, il doit avant tout se bien persuader que ses efforts à la ferme devront tendre vers cet unique but : tirer du sol le meilleur parti possible en l'améliorant. Pour arriver à ce résultat, il n'a pas toujours besoin de chercher à pratiquer les systèmes de culture les plus élevés, mais bien d'utiliser avec le plus d'intelligence possible les forces et les moyens dont il pourra disposer, pour faire de bonne agriculture. La meilleure agriculture n'est pas celle qui consiste dans la beauté des produits, mais celle qui permet de tirer du sol le plus de bénéfices, pour cent, du capital engagé dans l'exploitation ;

2º Dans nos localités, lorsqu'une ferme est dirigée par un cultivateur intelligent, qui sait établir une juste proportion entre la culture des grains de vente et des fourrages, dans une certaine période d'années, la ferme s'améliorera naturellement au point de vue des deux principes fertilisants : *humus* et *azote.*

Car, bien que l'on doive exporter tous les ans, de la ferme, au moyen du blé et du bétail une certaine portion de ces principes fertilisants, les plantes fourragères, si elles sont cultivées en proportion convenable, emprunteront toujours plus de ces

principes qu'il n'en sera exporté. De là, accumula-
tion de ces éléments dans le sol de la ferme, de là
aussi augmentation dans la fertilité de la terre.

Mais il n'en sera pas de même du principe fertilisant *phosphate*, dont les grains de blé et le bétail
emportent toujours une notable proportion, sans
que ce principe puisse être restitué par l'air, qui
n'en contient pas. Les terres de la ferme s'épuise-
ront donc annuellement de ce principe de fertilité
nécessaire et même indispensable, si le cultivateur
ne sait le restituer de temps en temps au sol, au
moyen de la poudre d'os, du noir animal ou des
phosphates minéraux, matières qui contiennent du
phosphate en proportion notable et qui sont les
composés phosphatés les plus faciles à se procurer.

Nous supposerons maintenant notre cultivateur
entré dans la ferme qu'il va exploiter.

De l'intérieur de la Ferme.

Si les débuts dans une carrière quelconque sont,
comme nous le savons, si difficiles pour tout le
monde, parce que l'expérience, cette science qui ne
s'acquiert que par le temps, le travail et l'observation, fait alors généralement défaut, nous pouvons dire que c'est surtout en agriculture qu'il en
est ainsi, eu égard à la surveillance incessante et
continuelle qu'exige la multiplicité des travaux
qu'on a à exécuter. Le cultivateur a en effet un per-

sonnel nombreux à diriger et à surveiller tous les jours ; des animaux de toute espèce à nourrir pour leur travail ou pour les produits qu'ils peuvent lui donner; un matériel ou mobilier agricole qu'il faut entretenir en bon état et renouveler au besoin; des terres dont il faut diriger et surveiller les façons, les fumures et les récoltes.

Enfin, comme résultat de cette surveillance et de ses travaux, il obtient des récoltes et des produits qu'il faut savoir écouler avec intelligence.

Ajoutons et ne l'oublions pas que, pour réussir à la ferme, il faut que tout ceci s'exécute avec ordre et économie. Mais si l'ordre et l'économie sont la principale cause des succès en agriculture, nous devons en faire preuve en débutant. Aussi le premier soin d'un cultivateur intelligent devra être, en entrant dans une ferme, de dresser un inventaire, c'est-à-dire d'estimer article par article et en argent les objets, quels qu'ils soient, qui vont être consacrés à l'exploitation. Cet inventaire doit se renouveler tous les ans à la même époque. Nous voyons alors que, comme tout autre industriel, le cultivateur a besoin d'une comptabilité. Voilà l'origine de la comptabilité agricole qui, comme nous allons chercher à le démontrer, devient indispensable pour faire de bonnes affaires.

Comment, en effet, le cultivateur pourra-t-il se rendre un compte exact des bénéfices qu'il devra annuellement retirer de son troupeau, s'il n'enregistre pas avec soin le nombre de ses animaux, leur âge, leur valeur, leur reproduction, les pertes qui peuvent lui survenir, les aliments qu'ils consomment, enfin les divers produits qu'il peut en retirer : viandes, laines, fumiers, etc.

Comment appréciera-t-il les avantages qu'il peut retirer de telle ou telle culture, s'il n'a pas soin de tenir un compte exact des frais de façon, de fumure, d'ensemencement et de récolte que doit occasionner l'une ou l'autre de ces cultures, et comparer ensuite le prix du produit en argent qu'elles donnent.

S'il se livre à quelques améliorations, soit par exemple qu'il fasse du marnage ou du terreaudage, ne doit-il pas encore, outre les frais ordinaires de culture, tenir bonne note des frais que peut occasionner chacune de ses opérations ?

Ne faut-il pas comparer ensuite, si la plus-value de récoltes qu'il a obtenue compense largement ses nouveaux frais d'amélioration. Inutile de multiplier ici de pareils exemples, ils suffisent, croyons-nous, pour faire comprendre au cultivateur l'intérêt qu'il peut avoir à tenir chez lui une comptabilité aussi simple qu'il le voudra, pourvu qu'elle lui permette d'embrasser facilement l'ensemble et les détails de son exploitation. On a dit quelque part qu'un homme qui tient des comptes réguliers ne peut pas se ruiner; eh bien! que le cultivateur le sache, avec une comptabilité régulière il lui serait difficile de faire de mauvaises affaires ; car, toutes les fois qu'il fera une mauvaise opération, il s'en apercevra de suite. En Angleterre, en Hollande, en Belgique, en Allemagne, les cultivateurs, même les plus petits, ont pris la bonne habitude d'écrire tout ce qui se passe dans leur ferme tous les jours, et surtout d'enregistrer avec soin toutes leurs recettes et toutes leurs dépenses, et c'est bien certainement là une des causes les plus efficaces de la prospérité agricole de ces pays. Nous pouvons regretter ici qu'il n'en soit pas de même chez nous, car il n'y a guère que dans les fermes-écoles ou dans quelques fermes importantes, que nous trouvons une comptabilité régulière. Les ouvrages sur la matière ne manquent pourtant pas, et nous saisirons ici l'occasion de recommander à nos cultivateurs la comptabilité agricole établie par l'honorable trésorier du Comice d'Orléans, M. Saintoin. L'auteur, en offrant à nos praticiens diverses méthodes, les met à même de pratiquer dans leur ferme une comptabilité aussi simple que possible, qui n'exigeant d'eux que peu d'écritures, est appelée à leur rendre les plus grands services.

Personnel de la Ferme.

L'exploitation d'une ferme, nous le savons tous, ne peut se faire qu'avec le concours d'un certain nombre de bras représentant un personnel dont le nombre varie avec les besoins de l'exploitation. t

Nous ne saurions trop engager les cultivateurs à ne prendre comme domestiques que le strict nécessaire au bien du service. Il y va, du reste, de leur intérêt à un double point de vue, d'abord pour obtenir une diminution dans les frais de culture, et ensuite parce que, trop souvent, plus on a de serviteurs, moins bien on est servi.

Le personnel employé aux travaux de la ferme peut être partagé en deux catégories :

1° Les serviteurs à gage et à demeure. Ce sont les laboureurs ou charretiers, le berger, le vacher, les valets de cour et les servantes ;

2° Les ouvriers extérieurs ou journaliers, ouvriers de toute nature formant un personnel supplémentaire qu'appellent surtout à la ferme les grands travaux de la moisson.

Il est inutile de nous occuper ici des moyens que peut employer le cultivateur pour se procurer les serviteurs qui lui sont nécessaires, mais nous tâcherons d'appeler un peu son attention sur les qualités qu'il doit chercher à rencontrer chez les plus importants.

Rien n'est plus utile pour un cultivateur qu'un bon laboureur, et son importance est aujourd'hui si bien comprise et si bien appréciée, que tous les ans nos Comices se font un devoir de récompenser les plus habiles. De ce serviteur dépendent non-seulement les bons labours, travaux qui sont si utiles à la prospérité de nos récoltes, mais encore

la santé des bêtes de trait, l'économie dans les fourrages et la multiplication des engrais. Pour remplir
toutes ces conditions, il faut être familier avec toutes
les opérations de la culture, savoir diriger les animaux, les traiter avec douceur et patience, et au
besoin leur donner les premiers soins en cas d'accident ou de maladie. Les cultivateurs ne devront pas
oublier que les bons laboureurs sont rares et qu'il
est de leur intérêt d'en changer le moins souvent
possible.

Le berger, lui aussi, est un serviteur important
dans une ferme ; car il a toujours à diriger un bétail
nombreux qu'il doit entourer de soins assidus et
pour lequel il doit redoubler de surveillance au
moment de l'agnelage. Pour faire un bon berger, il
faut une certaine expérience et diverses connais-
sances; aussi les cultivateurs ne devront pas oublier
que, si les bons laboureurs sont rares, les bons ber-
gers le sont encore bien davantage.

Quant aux autres serviteurs qui sont à demeure à
la ferme, leur travail étant moins important, nous
ne nous en occuperons pas.

Les ouvriers extérieurs sont employés soit à la
journée, soit à la tâche. Le travail à la journée est
généralement le meilleur, et le cultivateur n'a qu'à
veiller à ce que la journée soit bien employée.
Le travail à la tâche étant toujours plus rapidement
exécuté, devient généralement le plus économique,
mais si le cultivateur n'a pas dans ce cas à surveiller

l'emploi du temps, il doit chercher à apprécier la bonne qualité du travail fourni; il résulte de ceci qu'on ne doit faire généralement exécuter à là tâche que les travaux longs et importants, et dont on pourra apprécier facilement la bonne ou la mauvaise exécution.

Mais à quelque catégorie qu'appartiennent les ouvriers employés à la ferme, ce que doit rechercher chez eux le cultivateur, ce sont la probité, les bonnes mœurs, le dévoûment, l'intelligence, l'ordre, l'adresse et le zèle pour le travail. Mais en revanche, le cultivateur, tout en les commandant avec fermeté et précision, doit les traiter avec douceur et justice, leur inspirer de la confiance, se montrer à leur égard paternel, équitable, humain et ne pas oublier cette grande vérité « que les bons maîtres font les bons serviteurs. »

Bétail de la Ferme.

La culture faite un peu en grand n'aurait pas sa raison d'être sans le concours des animaux, et parmi les nombreux animaux qu'entretient le cultivateur à la ferme, les uns lui sont utiles par le travail qu'il peut en retirer, les autres lui sont avantageux par les nombreux produits qu'il peut en obtenir. Jusque-là par leur travail, par leurs produits, ces animaux dédommagent largement le cultivateur des soins qu'il peut leur donner. Mais ce n'est pas tout; et

nous ajouterons qu'à la ferme leur présence est nécessaire, indispensable même, car ils y sont une fabrique perpétuelle de fumier. Et le fumier, tout le
monde le sait, c'est la providence du cultivateur ;
car sa prospérité dépend essentiellement de la quantité de fumier qu'il peut produire, et par cela même
de la quantité d'animaux qu'il peut entretenir.
Fourrages, bétail et fumier, voilà la base de l'agriculture. Cependant, au point de vue de l'économie
agricole, le cultivateur doit savoir faire une distinc-
tion entre ce qu'on appelle les animaux de rente ou
de produit, et ceux qu'on désigne sous le nom
d'animaux de trait ou de travail.

Animaux de rente.

Dans nos climats, le bétail de rente se trouve en
général représenté par les vaches et le troupeau.
Ce sont surtout ces animaux qui, consommant les
fourrages de la ferme, donneront les produits de
vente et fourniront l'engrais nécessaire à la fertilité
du sol de la ferme. Aussi, plus un cultivateur
pourra nourrir de ces animaux, plus il tirera de
bénéfices de sa ferme.

Sans nous occuper ici d'une manière spéciale de
tout ce qui a rapport à la nourriture et à l'engraissement du bétail de rente, le cultivateur ne devra
pas oublier qu'il n'y a que les animaux bien pansés
et bien nourris qui donnent des produits convéna-

bles, et qu'alors leur nombre doit être proportionné
à la quantité de fourrages et de matières alimentaires dont il pourra disposer. Il devra, en outre, ré-
gler avec soin leur nourriture, l'approprier aux
âges et aux espèces, la varier suivant les saisons et
suivant le parti qu'il veut en tirer. Nourrir copieusement ceux qu'on destine à la boucherie, c'est-
à-dire faire de la viande et de la graisse et entretenir les autres en bon état de vigueur et de santé.

Tout en engageant ici les cultivateurs à suivre
dans la nourriture de leur bétail les indications
que nous venons d'exposer, il ne nous faut pas
moins leur persuader qu'il est de leur intérêt
d'entretenir à la ferme le plus d'animaux de rente
possible. Mais alors nous voyons qu'ils doivent
chercher à produire le plus de fourrages, le plus de
racines, en un mot, le plus de nourriture possible.
Pour arriver à ce résultat, que doit faire un cultivateur intelligent? S'il le faut, réduire d'abord la
quantité de ses terres emblavées, laisser en pacage
celles qui ne pourront être convenablement fumées.
Les pâturages amélioreront les terres, et les fourrages qu'ils pourront fournir, transformés en fumier,
permettront d'obtenir de bonnes récoltes. Si les terres
de la ferme qu'on exploite sont peu fertiles, on doit
adopter le système des longs assolements, et sur les
plus mauvaises terres développer des genêts, des
ajoncs, qui pourront y rester quelques années, au
besoin y faire des pins qui pourront y séjourner

plus longtemps, deviendront des pacages naturels et fourniront même des produits de vente.

Nous appelons ici toute l'attention du praticien, car nous n'hésitons pas à dire, qu'ignoré ou mal compris de la plupart de nos cultivateurs, ce grand principe d'économie agricole est la cause principale du malaise général de l'agriculture française.

Cultivateurs, n'oubliez donc jamais que le bétail de rente est la vraie richesse de l'agriculture et la source de toute prospérité agricole.

CHAPITRE IV.

Bétail de trait ou de travail.

Jadis la race bovine était seule employée aux travaux des champs. Cet usage, que nous retrouvons encore dans bien des localités de la France, n'existe plus dans le Nord, et là, comme dans les fermes de nos pays, les bêtes de trait consistent uniquement en chevaux. Nous avons cherché à faire comprendre à nos cultivateurs l'intérêt immense qu'ils avaient à faire tous leurs efforts pour entretenir à la ferme le plus grand nombre d'animaux de rente ; mais il n'en est plus de même pour les chevaux. La raison est simple et facile à comprendre ; le prix d'acquisition en est d'abord assez élevé, l'entretien en est toujours coûteux, et les seuls produits qu'ils fournissent généralement à la ferme sont représentés par le fumier et le travail qu'ils peuvent donner.

Au point de vue de l'économie agricole, nous engagerons donc nos cultivateurs à n'avoir à la ferme,
en bêtes de trait, que la quantité de chevaux stricte-
ment nécessaire, pour exécuter leurs travaux. Afin
qu'ils puissent atteindre convenablement ce but,
ils devront organiser avec intelligence leurs attelages, et éviter de les laisser oisifs. Mais ils devront
encore éviter d'employer des instruments lourds et
d'un fort tirage, et rechercher, au contraire, avec
soin les instruments perfectionnés, qui exigent le
moins de force et le moins de tirage possible. Inutile d'ajouter ici que les animaux de travail devront
aussi être bien pansés, bien nourris, bien traités, et
qu'on ne devra pas les employer à des travaux au-
dessus de leurs forces, sans quoi on courrait risque
de les exposer à des accidents ou à des maladies
souvent mortelles.

Du Mobilier agricole.

Le mobilier agricole comprend tous les instruments nécessaires à travailler la terre, à effectuer
les récoltes, à battre et nettoyer les grains, préparer
la nourriture des hommes et du bétail, les machines
de transport, en un mot, tous les objets qui servent
à la ferme, aux hommes et aux animaux, pour les
besoins de l'exploitation.

Tout en admettant ici que la nature et la quantité
de tous ces instruments, de tous ces objets, varient

suivant l'importance de la ferme, la nature des cultures et le système de vente et d'exploitation des produits, nous n'en voyons pas moins que le mobilier agricole est nombreux et varié. Nous ajouterons même qu'il tend plutôt à s'accroître qu'à diminuer, grâce aux efforts et aux progrès de la mécanique, qui tous les jours vise d'abord à améliorer et à simplifier le travail des hommes, tout en cherchant à parer à l'insuffisance des bras, qui se fait de plus en plus sentir dans nos campagnes. On ne peut donc pas indiquer au praticien, d'une manière exacte, la quantité du mobilier agricole qu'il doit posséder; mais nous l'engagerons à bien comprendre que ce mobilier doit être suffisant, et en assez bon état pour que les travaux de la ferme s'exécutent avec le moins de dépenses, le plus de célérité et de perfection possibles.

Ce sont en général les instruments de culture qui sont les plus dispendieux. En bonne économie il ne faut pas les multiplier au-delà des stricts besoins, car les instruments, dont on ne fait que rarement usage, outre qu'ils se détériorent, deviennent encore un embarras, tout en représentant un capital improductif. — Les plus simples, les plus faciles à manier, sont généralement préférables. Ils sont à la portée de l'intelligence de tous les serviteurs et peuvent être facilement réparés par les ouvriers de nos campagnes.

Une faute que commettent trop souvent les débutants dans la carrière agricole, c'est d'acheter sans réflexion tous les instruments nouveaux qu'on leur présente. Tout en se proposant de diminuer par ce moyen les frais de main-d'œuvre, ils ne calculent pas assez que ces instruments représentent un capital, et l'expérience ne tarde pas à leur apprendre, mais trop tard, que l'argent ainsi employé est très-souvent perdu. Car ce n'est pas à la légère qu'on doit changer les instruments généralement adoptés dans un pays.

En effet, s'ils y sont utilisés, c'est qu'ils y ont été reconnus bons; et les remplacer par d'autres, sans que l'expérience ait démontré qu'ils sont plus avantageux, est toujours une faute.

En résumé, avant de faire l'acquisition d'un instrument nouveau, on doit se renseigner sur la valeur du résultat qu'il peut produire, savoir si son usage peut procurer une certaine économie, si la manœuvre en est simple, facile et à la portée de toutes les intelligences. Il faut donc examiner sa solidité et toujours préférer qu'il soit plutôt en fer qu'en bois; car alors, quand même il serait plus coûteux, il n'en serait pas moins préférable, parce qu'il serait moins sujet à se briser, qu'il donnerait un meilleur travail et durerait plus longtemps. Du reste, presque toujours les instruments en fer sont plus légers, moins durs de tirage, et plus aisés à conduire, que les instruments en bois. Enfin, on s'inquiètera aussi, si les réparations que l'instrument pourra exiger sont de nature à être exécutées par les ouvriers des localités qu'on habite.

Mais il ne suffit pas d'avoir à la ferme de bons instruments, il faut encore avoir le soin de les conserver et de les entretenir en bon état. Pour les conserver, la chose est simple et facile et elle présente même une certaine économie; car il suffit de les peindre à l'huile ; avec un peu de couleur préparée, un pinceau, et quelques journées d'ouvriers, on peut conserver ses instruments et gagner chaque année plusieurs fois le prix de sa peinture et les journées de ses ouvriers.

Pour maintenir les instruments en bon état, il suffit de les placer sous des hangars ou dans des magasins. Par ce moyen, ni l'humidité ni la pluie, ni la sécheresse ne peuvent les faire rouiller, ni les avarier. S'il survient quelques légers accidents, on trouve encore économie à les réparer, ou à les faire réparer de suite ; car l'expérience est encore là pour démontrer que, faute d'avoir mis en temps voulu un timon à une herse, la herse se brise et il faut alors en acquérir une neuve.

Des Engrais.

Malgré les développements que nous avons déjà donnés à la question capitale des engrais, il importe d'en dire ici quelques mots, parce qu'ils forment l'un des points les plus importants de l'économie

agricole. Que les cultivateurs, que tous ceux qui
voudront se livrer à la culture, comprennent bien
avant tout et n'oublient jamais que, quel que soit le
genre de culture qu'ils adoptent, c'est la quantité
d'engrais qui peut seule amener le sol à fournir
d'abondantes récoltes, à conserver et même augmenter la fertilité du sol.

Cette vérité étant bien comprise, le premier soin
du cultivateur sera donc de produire à la ferme le
plus d'engrais possible et de ne rien laisser perdre
de ce qui peut en fournir.

Le fumier étant l'engrais par excellence, celui
qui convient le mieux à tous les sols, à toutes les
cultures, et le plus facile à faire à la ferme, c'est
donc d'abord à la production de cet engrais qu'on
doit s'attacher. Mais cela ne suffit pas encore ; il
faut aussi chercher à lui conserver tous les éléments
de fertilité qu'il peut renfermer.

Pour remplir la première de ces conditions, nous
avons vu que le cultivateur devait entretenir le plus
grand nombre possible de bestiaux, bien les nourrir
et leur fournir en outre une litière abondante. Nous
insistons sur ces mots : *bien les nourrir et leur fournir une litière abondante*, parce que le raisonne-
ment l'indique et l'expérience confirme : *que plus
une bête est bien nourrie, plus elle produit de fumier,
et plus ce fumier a de richesse fertilisante*. La différence est tellement grande, qu'une bête bien nourrie peut produire deux fois autant de fumier qu'une

bête mal nourrie, et qu'une bête maigre fournit moins et de moins bon fumier qu'une bête grasse.

Mais, pour remplir ces conditions, il faut avoir recours aux deux moyens suivants : adopter un assolement qui permette une culture étendue de prairies artificielles ou de racines sarclées. Or, il n'y a que les longs assolements qui donnent le moyen d'obtenir ces résultats. Si l'on ne veut pas se résoudre à adopter les longs assolements, il faut se décider à diminuer l'étendue des terres en labour et conserver une étendue suffisante des terres de la ferme à la culture des fourrages ou des racines.

Parmi les causes qui pèsent le plus sur la prospérité de l'agriculture française, se trouve certainement la difficulté qu'ont nos cultivateurs à bien comprendre qu'ils devraient toujours avoir à la ferme une quantité de fourrages en rapport avec la superficie des terres en labour.

Loin de suivre cette règle, nous les voyons consacrer toujours la plus grande étendue de leurs terres à la culture des céréales, et le reste seulement à la production des fourrages. Nous ne saurions trop insister ici pour qu'ils se mettent une bonne fois dans l'esprit, *qu'avec des fourrages en abondance, on peut nourrir plus de bestiaux ; qu'avec des bestiaux bien nourris, on fait plus de fumier, et qu'avec les fortes fumures, on peut avoir sur une moindre surface plus de grains à mener au marché.* Les chiffres que nous allons mettre sous les yeux du praticien lui feront peut-être mieux comprendre notre pensée.

On admet qu'en général, dans les exploitations où la culture des terres arables est la principale branche industrielle, c'est-à-dire là où les pâturages et les fourrages sont assez restreints, on peut entretenir une tête de gros bétail d'un poids moyen (ou son équivalent en autres bestiaux) par 175 ares. On admet encore que sur un sol de bonne qualité, avec un bon système de culture alterne et au moyen de la stabulation permanente, qui permet à la production du fumier d'arriver à son maximum, on peut charger chaque hectare de terre d'une tête de gros bétail. Si nous comparons maintenant ce qui se passe de nos jours dans la Beauce chartraine, localité dont personne ne peut contester la fertilité, nous sommes loin de trouver ces chiffres. Car, en admettant même dans les fermes de ces localités l'assolement triennal modifié, et en acceptant les chiffres donnés par l'honorable M. Heuzé, nous voyons que la moyenne de gros bétail entretenu dans la ferme n'est que d'une tête par 2 hectares 80 ares de terre cultivée. Mais si, dans cette partie de la Beauce, avec un pareil système, la culture est déjà productive, elle le deviendrait bien davantage si, augmentant la production des fourrages, les cultivateurs arrivaient à pouvoir entretenir une tête de gros bétail par chaque hectare de terre cultivée.

Nos cultivateurs comprendront peut-être maintenant que l'infériorité de notre agriculture est due à la prédominance de la culture des plantes épuisantes ou des grains sur la culture des plantes fourragères ou améliorantes. Cela est si vrai, que lorsqu'on vient à rechercher comparativement le rapport qui existe chez nous et chez les autres nations entre les cultures de grains et les cultures de fourrages ou de racines, nous trouvons qu'en Angleterre, en Hollande, en Belgique, pour un hectare de culture de grains on fait un hectare de fourrages ou de racines ; en Wurtemberg et en Bavière, un hectare et demi de grains pour un hectare de fourrages ; en Allemagne, en Danemark, 3 hectares et demi de grains pour un hectare de fourrages, tandis qu'en France on trouve trop souvent 4 et même 5 hectares de grains pour un de fourrages.

En voilà assez pour bien faire comprendre au cultivateur, qu'au point de vue de la production économique du fumier, la question la plus importante est la production des fourrages, qui seuls donnent le moyen d'entretenir un nombreux bétail.

Fourrages, bétail, récoltes, forment un triangle dont les côtés inséparables se prêtent continuellement un mutuel appui.

Nous ne cesserons donc jamais de dire à nos cultivateurs : « *Faites donc d'abord le plus de fumier possible ! Vous trouverez là le moyen de garnir copieusement vos terres et aussi d'obtenir de bonnes récoltes, au meilleur marché possible.* »

Maintenant il ne suffit pas de produire de bon fumier, il faut savoir encore en conserver tous les principes fertilisants ; mais comme nous avons déjà traité cette question, nous n'y reviendrons pas ici.

Nous voyons jusque là qu'il est d'abord du plus grand intérêt pour le cultivateur de tirer, du fonds même de sa ferme, la quantité d'engrais qui lui est nécessaire. Mais nous sommes loin de constater qu'il en est ainsi. Nous ajouterons même que ce n'est que par exception qu'on produit, dans les fermes, la quantité de fumier nécessaire. On manque donc généralement d'engrais à la ferme, et le besoin s'en fait impérieusement sentir au début d'une entreprise agricole ; car l'on n'a généralement ni bétail ni fourrages. Que faire alors ? Eh bien, il est d'une sage économie de recourir aux engrais industriels, pourvu qu'ils soient bons, d'un prix en rapport avec leur valeur fertilisante, et que l'emploi en soit fait avec intelligence. Dans le premier cas, ils donneront, en effet, au cultivateur qui n'a pas assez de fumier, une fumure complémentaire qui pourra néanmoins lui procurer une récolte lucrative, et, dans le second cas, ils donneront au débutant, qui n'a pas pu faire de fumier, le temps de se procurer du bétail et les fourrages nécessaires pour en produire. Nous nous bornerons maintenant à examiner comme étude d'économie agricole, la pratique des assolements ; mais avant d'aborder cette question, nous mettons sous les yeux du praticien la marche

3

régulière et économique qu'il doit employer pour diriger les travaux de sa ferme.

Direction des travaux à la Ferme.

Quoique nous ayons souvent comparé la ferme à une industrie, nous sommes néanmoins obligé ici de reconnaître que les travaux de la ferme ne peuvent être assujettis à une marche régulière et uniforme comme ceux d'une fabrique. Il devient, par cela même, impossible de déterminer d'une manière rigoureuse la marche des travaux d'une ferme ; mais le bon praticien doit chercher à satisfaire aux conditions suivantes :

1° Éviter d'entreprendre plus de travaux qu'on n'a de forces à y consacrer ;

2° Ne jamais prodiguer la main-d'œuvre, mais pourtant appliquer à chaque opération le nombre de bras nécessaire ;

3° Diriger et surveiller les différents travaux, suivant leur importance, en réservant pour des moments de loisir ceux qu'on peut ajourner sans inconvénient.

4° Ne jamais remettre au lendemain ceux qu'on peut exécuter le même jour ;

5° Enfin, disposer la succession des opérations, de manière qu'il n'y ait pas de temps mal employé,

tant par les hommes que par les animaux de travail.

Telles sont les règles générales applicables aux
travaux nombreux et variés de la ferme, règles que
doit s'efforcer de suivre un cultivateur intelligent,
pour réussir dans sa laborieuse profession.

CHAPITRE V.

Des assolements.

Il semble tout naturel de croire au premier abord qu'un cultivateur connaissant la valeur des terres de sa ferme, choisira pour ses champs une culture appropriée, et qu'une fois cette culture établie, il pourra, si elle lui offre des avantages, la continuer indéfiniment. Mais il n'en peut être ainsi ! Les cultivateurs anciens n'ignoraient pas, et les praticiens de nos jours savent très-bien par expérience, qu'à part quelques rares exceptions, s'ils viennent à continuer pendant plusieurs années, sur le même champ, la même culture, les récoltes ne tardent pas à baisser de produits. Mais l'expérience leur apprend encore que s'ils laissent alors le champ en repos, en jachère; ou ce qui naturellement est plus

avantageux, s'ils remplacent la récolte qu'ils viennent d'enlever par une culture différente, ils peuvent obtenir de cette nouvelle culture de bonnes
récoltes ; et qu'après un nombre d'années plus ou
moins long, leur champ reprend sa fertilité première, c'est-à-dire la faculté de reproduire, avec
avantage, la première culture qu'ils y avaient faite.

De là vient pour le cultivateur la nécessité de
varier ses cultures, d'établir sur un même champ,
pendant un nombre déterminé d'années, une succession de récoltes différentes. Voilà donc encore en
agriculture un principe absolu, nécessité de faire
varier sur un même champ les cultures. Mais l'application de ce principe, c'est-à-dire l'ordre dans
lequel devront se succéder ces cultures, n'est pas
aussi absolu ; car il varie suivant les localités et
constitue ce qu'on désigne sous le nom d'*assolement*.

On entend donc par *assolement* la division des
terres cultivables d'une ferme en parties égales entre elles, sur chacune desquelles parties vont se
succéder pendant plusieurs années une suite de
récoltes différentes qui conserveront toujours la
même étendue.

Un exemple nous fera mieux comprendre ce que
c'est qu'un assolement et nous démontrera en outre
que l'idée d'assolement entraîne avec elle l'idée
d'alternance et de rotation dans les cultures.

Nous supposerons, par exemple, une ferme con-

tenant 100 hectares de terre que l'on veut soumettre
à un assolement quelconque, comment s'y prendra
le cultivateur ? Obéissant aux lois de la nature qui
l'obligent, pour obtenir des récoltes lucratives, de
faire varier ces cultures, il divise les terres de sa
ferme en trois, quatre ou cinq parties égales, et
quelquefois plus. Il adopte pour chacune de ces
parties une culture différente. Admettons, par la
pensée, qu'il ait adopté le système de culture suivant :

	Soles.		
	N° 1.	N° 2.	N° 3.
Première année...	Jachère.	Blé.	Avoine.
Deuxième année...	Blé.	Avoine.	Jachère.
Troisième année...	Avoine.	Jachère.	Blé.

Un pareil système de cultures dure donc trois
ans, et après leur expiration on reprend pour les
quatre, cinq et sixième années, l'ordre que l'on a
suivi pour les trois premières. On dit alors de la
ferme où l'on suit un pareil système de cultures,
qu'elle est soumise à l'assolement triennal ou de
trois ans, que la rotation des cultures y est de trois
ans, et, comme nous le voyons, chaque partie du

terrain cultivé que l'on désigne sous le nom de *sole*,
a passé par les trois états : jachère, blé, avoine,
c'est-à-dire que l'on a eu la sole de jachère, de blé
et d'avoine. Si les 100 hectares cultivables de notre
ferme, au lieu d'être divisés en trois parties égales,
l'eussent été en quatre ou en cinq parties, l'assolement eût été quadriennal ou de quatre ans, quin-
quennal ou de cinq ans; etc. Maintenant que nous
voilà renseignés sur l'idée que nous devons nous
faire d'un assolement, nous devrions peut-être mettre sous les yeux du cultivateur toutes les théories
que la science nous donne pour expliquer l'alternance des cultures; mais comme elles n'auraient
d'autre but que de prouver au praticien les efforts
que fait l'intelligence humaine pour nous expliquer
les phénomènes de la nature, nous nous contente-
rons de fixer son attention sur quelques points qui
ont pour but de lui démontrer les avantages qu'il
doit trouver à faire varier ses récoltes et lui faire
comprendre que le choix d'un bon assolement est
pour lui une grande question d'économie agricole.

Le cultivateur voudra bien se rappeler ici que, si
en principe, toute culture a pour effet l'épuisement
du sol, néanmoins l'expérience nous apprend que
parmi toutes les plantes qu'on est à même de cultiver à la ferme, les unes, telles que les céréales, le
blé, le colza, épuisent bien davantage la terre que
les plantes fourragères : trèfle, sainfoin et luzerne.
Mais pour que le cultivateur se rende bien compte

pourquoi il est des plantes plus épuisantes les unes
que les autres, il lui suffira de se rappeler que les
céréales ne sont pas de la même espèce que les plantes fourragères, et qu'alors il n'y a rien d'étonnant
à ce que ces plantes ne vivent pas complètement de
la même manière. Les céréales, en effet, n'ayant
qu'un feuillage peu développé, cultivées dans le but
seul de nous fournir leurs graines qui est la partie
la plus épuisante d'une plante, n'empruntent presque rien à l'air pour végéter, alors leur développement se fait presque entièrement au détriment des
principes fertiles du sol. Si l'on ajoute qu'après leur
fauchage, elles ne laissent que de faibles racines
comme compensation, le cultivateur se formera de
suite une idée qui lui fera comprendre pourquoi
les céréales sont des plantes épuisantes.

Les plantes fourragères, au contraire, ayant un
feuillage touffu, généralement enlevées du sol avant
la formation de leurs graines, empruntent la majeure partie des éléments dont elles ont besoin pour
se développer à l'air, par cela même le cultivateur
se rendra facilement compte comment il se fait
qu'elles épuisent peu la terre ; mais il y a plus, c'est
qu'après leur fauchage, elles viennent en améliorer
les parties superficielles par les nombreux débris
qu'elles y laissent. Et comme ces nombreux débris
sont autant de valeurs fertilisantes enlevées à l'air,
les plantes fourragères méritent bien le nom de
plantes améliorantes qu'on leur a donné.

Voici d'abord un premier point qui est de nature à faire comprendre au cultivateur pourquoi, dans l'assolement d'une ferme, il devient avantageux de faire succéder une plante dite améliorante à une plante dite épuisante.

Mais ce n'est pas encore tout : les plantes qui épuisent le sol, comme le blé, ont encore l'inconvénient de le laisser envahir par une foule de plantes inutiles, véritables parasites qui, en enlevant au blé une partie des sucs nutritifs de la terre, ont encore l'inconvénient de la salir. En faisant succéder au blé la culture d'une plante améliorante comme le trèfle, on voit cette culture se développer rapidement, étaler avec luxe son feuillage et étouffer les mauvaises herbes en leur enlevant leurs principales conditions d'existence : l'air et la lumière.

Mais s'il est bien vrai que les plantes fourragères offrent l'avantage d'empêcher le développement des mauvaises herbes, elles sont impuissantes pour en détruire les germes, et il n'y a que la jachère, que la culture des plantes sarclées qui peuvent remplir ce but en vertu des travaux qu'elles nécessitent.

Nous venons donc de prouver au cultivateur qu'il peut cultiver des plantes qui épuisent la terre : telles sont les céréales, d'autres qui peuvent l'améliorer, telles que les plantes fourragères, enfin, qu'il est des cultures telles que les pommes-de-terre, betteraves, qui peuvent la nettoyer, c'est-à-dire la débarrasser des plantes inutiles. Voilà de

3.

nouvelles considérations qu'un cultivateur intelligent ne devra pas oublier, car elles doivent être pour lui un puissant guide pour l'assolement des terres de sa ferme.

Enfin, l'alimentation variée des plantes va encore nous fournir de précieux renseignements. La science nous apprend que les graines de céréales affectionnent surtout les phosphates, et leur paille, la silice; que les plantes sarclées : betteraves, pommes-de-terre, topinambours, préfèrent les alcalis, potasse ou soude; tandis que les plantes fourragères recherchent avidement de la chaux. Quoi donc de plus rationnel alors, pour un cultivateur intelligent, que de faire succéder à une plante sarclée, qui enlève surtout de la potasse au sol, une céréale qui pourra y trouver encore le phosphate et la silice qui lui sont nécessaires. Puis à cette dernière une plante fourragère, parce que ni la culture sarclée, ni la céréale n'auront épuisé le sol de la chaux que réclament surtout les plantes fourragères.

Tels sont les principes généraux que nous donne la science pour éclairer le cultivateur dans la pratique des assolements.

C'est donc au moyen d'une succession calculée et raisonnée de récoltes, que le cultivateur, appelant à son aide l'air comme moyen d'entretenir la fertilité de ses terres, doit arriver à la réalisation de ce grand problème d'économie agricole qui consiste à tirer d'une ferme le plus de produits possibles avec la moindre dépense d'engrais, tout en conservant à la terre sa fertilité primitive.

Tout en proclamant ici l'utilité des principes que nous venons d'exposer, nous nous trouvons obligé d'avouer que s'il est facile à la théorie de les énoncer, il n'est pas toujours facultatif au cultivateur de les mettre en pratique. Il est, en effet, certaines causes qui s'y opposent, et les principales sont les suivantes :

Influence de la nature du sol et du climat ;

Facilité d'écouler les produits ;

Chiffre du capital d'exploitation.

La nature du sol, si souvent variable, exerce une influence considérable sur le choix des cultures qui devront faire partie d'un assolement. C'est qu'en effet, les plantes qui font l'objet d'une grande culture sont loin de s'accommoder de tous les sols; cela est même si vrai, que nous voyons quelquefois sur une même ferme les cultivateurs intelligents obligés d'avoir, pour les terres qu'ils exploitent, deux assolements.

Le climat, lui aussi, vient quelquefois gêner les projets d'assolement du cultivateur; nous savons tous qu'il est des récoltes qui demandent avant tout le climat chaud du Midi, tandis que d'autres aiment mieux les climats tempérés ou préfèrent le sol brumeux de l'Ouest.

De la réalisation des produits.

Si produire est le premier but du cultivateur, néanmoins cela ne saurait lui suffire; il faut encore qu'il trouve la possibilité de se défaire, et cela à des prix convenables de ses divers produits.

Placé près des centres de consommation avec lesquels les communications sont faciles, le cultivateur devra chercher à faire entrer dans son assolement le plus de récoltes de grains ou de plantes industrielles, parce que ce sont généralement ces cultures qui donnent les plus beaux bénéfices ; mais éloigné des centres de consommation, il aura plus d'avantage à supprimer la culture des plantes industrielles, diminuer celle des grains, donner toute l'extension possible aux plantes fourragères qui, consommées à la ferme, pourront servir à l'engraissement du bétail et à la production de la viande.

Chiffre du capital d'exploitation.

Le capital disponible en agriculture exerce aussi une influence sur la nature des cultures à faire à la ferme. Si chaque espèce de culture occasionne toujours des frais, les cultivateurs n'ignorent pas qu'elles sont loin d'exiger toutes les mêmes avances, soit en main-d'œuvre, soit en engrais.

Toutes les fois donc que le cultivateur ne dispose que d'un capital peu abondant, la jachère, si utile dans certains cas, devient presque une nécessité, parce qu'elle diminue l'étendue de la surface cultivée. Le cultivateur, en outre, se livrera aux cultures qui occasionnent le moins d'avances, si ces cultures donnent moins de bénéfices ; ce sera peut-être le cas où le bénéfice sera le plus certain et le plus net.

En réfléchissant à toutes les considérations que nous venons de développer ici, il nous sera facile de comprendre que si au point de vue de l'économie agricole, la question des assolements est l'une des plus importantes, elle est loin d'être facile à résoudre. Nous engageons pourtant le cultivateur à prendre bonne note et à ne pas oublier :

1° Qu'il ne doit jamais développer sans interruption deux récoltes avides des mêmes principes généraux ;

2° Qu'à une plante épuisante devra toujours succéder une plante améliorante ;

3° Que, quel que soit l'assolement qu'il adopte, il faut qu'à la fin de cet assolement la terre n'ait rien perdu de sa fertilité première.

Nous allons maintenant mettre sous les yeux du cultivateur quelques exemples d'assolement pratiqués dans diverses localités de la France.

ASSOLEMENT DE CINQ ANS, ÉTABLI PAR M. BOUSSINGAULT, SUR SA FERME D'ALSACE.

1re Année : Pommes-de-Terre.
2e — Froment.
3e — Trèfle.
4e — Froment, Navets en culture dérobée.
5e — Avoine.

ASSOLEMENT DE GRIGNON
(HUIT ANS).

1re Année : Pommes-de-Terre.
2e — Froment de Mars.
3e — Trèfle.
4e — Froment.
5e — Fèves.
6e — Colza.
7e — Blé.
8e — Fourrages divers.

ASSOLEMENT DE DOUZE ANS
(NÎMES).

Luzerne pendant cinq ans.
Blé — trois ans.
Sainfoin — deux ans.
Blé — deux ans.

ASSOLEMENT DE SIX ANS,
A GRAND-JOUAN.

1re Année : Choux.
2e — Sarrasin.
3e — Froment.
4e — Avoine d'hiver.
5e — Trèfle, Ray-Grass.
6e — Pâturages.

ASSOLEMENT DE QUATRE ANS.

1re Année : Pommes-de-Terre.
2e — Avoine.
3e — Trèfle.
4e — Blé.

ASSOLEMENT DE TROIS ANS
(BRETAGNE).

1re Année : Blé noir.
2e — Céréale.
3e — Céréale.

ASSOLEMENT DE TROIS ANS
(BEAUCE, GATINAIS ET ENVIRONS DE PARIS.

1re Année : Jachère.
2e — Blé.
3e — Avoine.

Le même, perfectionné.

1re Année : Jachère, dont la moitié en Vesces et Pois gris.
2e — Blé.
3e — Avoine.

ASSOLEMENT DE HUIT ANS
(BRETAGNE).

1re Année : Sarrasin.
2e — Blé.
3e — Trèfle.
4e — Avoine.
5e, 6e, 7e et 8e : Ajoncs.

Nous aurions voulu placer ici l'assolement de la Sologne ; mais eu égard à la variété du terrain, l'assolement pratiqué dans cette localité ne présente jusqu'à ce jour rien de fixe. C'est, en général, un assolement de quatre ans, que les cultivateurs font varier suivant la nature de leur sol et les ressources dont ils peuvent disposer.

Sans discuter ici à fond tous ces assolements, nous allons seulement, pour fixer l'intelligence du cultivateur, en analyser quelques-uns. Dans l'assolement de cinq ans de M. Boussingault, la terre, après avoir reçu une fumure convenable, reçoit une rotation de cultures qui s'ouvre par une récolte de pommes-de-terre ; plante sarclée qui nettoie le sol, remplace la jachère et enlève surtout au sol comme élément minéral la potasse. Après la pomme-de-terre vient une récolte de froment, culture qui a besoin de trouver la terre débarrassée des plantes inutiles, culture épuisante qui enlève surtout au sol comme élément minéral les phosphates et la silice.

La terre, fatiguée de cette récolte, a besoin en quelque sorte de réparer ses forces ; on y fait alors une culture de trèfle, plante améliorante qui enlève surtout au sol, comme élément minéral, de la chaux.

Mais le trèfle, par ses nombreux débris, donne à la terre un nouveau degré de fertilité qui permet deux récoltes de plantes épuisantes : le froment et l'avoine ; cette dernière culture ferme l'assolement en suivant les principes que nous avons énoncés

plus haut : alternance de plantes épuisantes et améliorantes.

Dans l'assolement de trois ans pratiqué en
Bretagne, nous voyons deux céréales, c'est-à-dire
deux récoltes successives de plantes épuisantes ; la
troisième année, le sol a beaucoup de chances pour
être envahi par des plantes adventices. Il résulte de
ceci que cet assolement ne peut être considéré
comme bon, et voici comment s'exprime à son égard
l'honorable M. Malagutti : « Un pareil assolement
ne peut se justifier que par le manque d'engrais et
témoigne d'une agriculture arriérée. »

L'assolement triennal de la Beauce débute par la
jachère, et nous y trouvons aussi deux récoltes de
plantes épuisantes. Cet assolement est donc aussi
vicieux et épuise la terre de son phosphate. Il n'est
avantageux pour les cultivateurs de ces localités,
que parce que les récoltes qu'il fournit en blé et
avoine se vendent facilement. Aussi nos cultivateurs beaucerons trouveraient-ils avantage à le
remplacer par un assolement quadriennal ainsi con-
çu : A la place de jachère, faire des fourrages, vesces
ou pois gris ; placer entre leurs deux récoltes de
céréales épuisantes, une culture de trèfle. Ils pourraient ainsi moins épuiser leur sol, augmenter leur
nombre de têtes de bétail par hectare cultivé ; ils
pourraient aussi augmenter la masse de leur fumier
et obtenir de meilleures récoltes de céréales. Enfin,
ils obéiraient mieux aux principes que nous avons

indiqués : à une plante épuisante faire succéder une plante améliorante.

Nous terminons ici ces quelques notions d'économie agricole ; toutes incomplètes, toutes imparfaites qu'elles soient, osons espérer que l'homme qui veut se livrer à la culture pourra y puiser d'utiles enseignements.

CHAPITRE VI.

Étude des diverses Cultures.

Nous abordons aujourd'hui l'étude des travaux et des soins que réclament les cultures des plantes, qui font la base des exploitations agricoles de nos localités. Pour rendre ici cette étude plus facile, nous nous proposons de les examiner dans l'ordre suivant : *Plantes fourragères, plantes à graines alimentaires et commerciales, plantes industrielles.*

Plantes fourragères.

La culture des diverses espèces de plantes qui peuvent former la nourriture du bétail, étant, comme nous l'avons vu, la source de toute prospérité agricole, les fourrages, en outre, manquant généralement au cultivateur à son entrée dans une ferme, l'on comprendra de suite le dessein que nous avons eu en débutant par l'étude de ces cultures. Les plantes fourragères sont très-nombreuses, et, eu égard à leur nature, à leur mode de culture, elles présentent des différences qui vont nous permettre, afin d'en faciliter l'examen, de les diviser ainsi :

Plantes des prairies naturelles,
Plantes des prairies artificielles,
Plantes fourragères à racines alimentaires.

Prairies naturelles.

On désigne, sous le nom de prés ou de prairies naturelles, des espaces de terre recouverts d'un grand nombre d'espèces de plantes qui ont pour ainsi dire une durée illimitée. Ce sont les prairies naturelles qui ont été pour notre agriculture les sources les plus anciennes de fourrages. Aussi les services qu'elles ont rendus et qu'elles rendent encore de nos jours sont si grands et si bien appréciés par nos cultivateurs, qu'ils ne se contentent plus aujourd'hui de celles que leur donne la nature. Car, comme nous le verrons plus tard, toutes les fois que la nature de leur sol le permet, ils s'efforcent d'en créer pour ainsi dire d'artificielles.

Si nous recherchons d'abord les avantages que les prairies naturelles peuvent donner à nos cultivateurs, nous trouvons, et cela ne fait doute pour

aucun praticien, qu'elles sont peut-être, à cause de
la variété des espèces qui les constituent, la source
la plus saine et la plus substantielle de l'alimentation du bétail. S'il est vrai de dire qu'à surface
égale, elles donnent moins de fourrages que les
prairies artificielles, elles ont sur celles-ci l'avantage d'exiger moins de main-d'œuvre et un capital
moins élevé. C'est assez pour faire comprendre au
cultivateur que, toutes les fois que son capital d'exploitation ne sera pas proportionné à l'étendue des
terres qu'il exploite, il devra se livrer à la création
de prairies naturelles. Car, une fois établies, leur
produit annuel est à peu près uniforme et ne coûte
plus qu'un peu d'entretien. Elles permettent, en
outre, au cultivateur, d'élever et d'entretenir un
nombreux bétail.

Des Sols et Climats propices aux Prairies naturelles.

Disons de suite qu'il est des terrains placés dans
des conditions telles, qu'à l'exclusion de toute autre
culture, on doit les transformer en prairies naturelles. Tels sont :

1° Les terrains en pente rapide, où la culture
annuelle serait difficile ;

2° Les terrains exposés aux inondations périodi-
ques, principalement ceux qui sont placés près des
fleuves et des rivières. Toute autre culture y serait

compromise, tandis que les prairies arrosées par l'eau des rivières, engraissées par leur limon fertilisant, donnent des produits satisfaisants ;

3° Les sols placés dans des bas-fonds, qui conservent une humidité telle, que les récoltes ordinaires ne pourraient s'y développer convenablement ;

4° Certains terrains privilégiés qui, à cause de la fraîcheur modérée qu'ils peuvent conserver, même en été, donnent des fourrages qui surpassent en quantité et surtout en qualité les meilleures prairies artificielles.

Tels sont les herbages de la Normandie, de la Bretagne, du Poitou et du Charolais ;

5° Enfin tous les terrains, dont l'irrigation est peu coûteuse et facile, surtout si les eaux d'irrigations sont naturellement chargées de principes fertilisants.

Maintenant, si en-dehors des cas que nous venons de citer, nous recherchons quels sont les terrains, le climat qui conviennent le mieux aux prés naturels, il nous suffira de nous rappeler le but que nous nous proposons en faisant des prés. Nous voulons produire de l'herbe ! Eh bien, pour produire de l'herbe et en abondance, il faut deux conditions essentielles : de l'eau et une chaleur modérée. Ceci établi, nous pouvons donc facilement dire aux cultivateurs que les terrains situés sous des climats doux ou humides, ou susceptibles d'être arro-

sés, sont ceux qui conviennent le mieux au développement des prairies naturelles. Ceci explique
pourquoi les prairies naturelles sont rares en
Beauce ; c'est que l'eau y manque presque partout,
et que la nature fertile du sol permet heureusement
aux cultivateurs de cette localité de remplacer les
prairies naturelles par la culture des prairies artificielles. Mais il n'en est pas de même en Sologne,
où un climat tempéré et humide permet facilement
le développement de l'herbe. Les cultivateurs de ces
localités devraient en prendre bonne note; car dans
bien des fermes ils auraient certainement plus de
bénéfices à faire de l'herbe qui ne leur coûterait
presque rien, qu'à se livrer à la culture des céréales,
toujours onéreuse, et qui ne devient lucrative qu'à
la condition d'être bonne. Mais nous ajouterons
cependant que, malgré cela, la nature du sol ou du
climat ont moins d'influence sur les prés que sur les
autres cultures; car les espèces qui peuvent les former étant nombreuses, le cultivateur pourra toujours en choisir un certain nombre varié, mais suffisant, pour pouvoir former un bon pré à peu près
sur tous les sols et sous tous les climats. Cela est si
vrai que, quoique les agronomes aient déterminé
les espèces qui peuvent le mieux servir à la composition d'une prairie reposant sur un sol humide, sur
un sol frais et sur un sol sec, nous voyons par
l'exemple suivant que les mêmes espèces peuvent
se développer sur des terrains de natures différentes.

PLANTES des TERRAINS SECS.	PLANTES des TERRAINS FRAIS.	PLANTES des TERRAINS HUMIDES.
Avoine jaunâtre.	Fléole des prés.	Agrostis vulgaire.
— des prés.	Avoine fromentable.	Chiendent.
Brôme.	Chiendent.	Fetugue des prés.
Chiendent.	Flouve odorante.	Flouve odorante.
Fléole des prés.	Houlque laineuse.	Houlque laineuse.
Flouve odorante.	Ivraie vivace.	Paturin commun.
Paturin des prés.	Gesse des prés.	Gesse des prés.
Vulpin des champs.	Chicorée sauvage.	Vesce multiflore.
Trèfle blanc.	Agrostis des chiens.	Trèfle blanc.
Pimprenelle.	Trèfle des prés.	Plantain lancéole.

Nous voyons par ces tableaux les mêmes espèces se reproduire sur des terrains bien différents. De là donc, la facilité pour le cultivateur de créer des prés naturels à peu près sur toutes les natures de terres qu'il peut avoir à cultiver. Cependant le cultivateur ne doit point oublier que les meilleurs fourrages des prés naturels sont ceux qui sont fournis par les prés des terres fraîches.

Création des Prairies naturelles.

Nos cultivateurs savent très-bien par expérience que lorsqu'ils laissent leurs champs cultivés à l'état de jachère, ils les voient bientôt se couvrir d'une foule de plantes qui ne tarderaient pas à envahir complètement le champ s'ils ne les détruisaient par

le labourage. Si, au lieu de le labourer, ils l'aban-
donnent à lui-même, il finira par se transformer en
prairie. Mais avant d'arriver à ce résultat et d'obtenir un fourrage convenable et important, il se pas-
sera quelques années, parce que tout d'abord le
champ se couvre aussi bien de mauvaises que de
bonnes herbes. Avec le temps les bonnes herbes
finissent par rester maîtresses du terrain et donnent
par ce moyen un fourrage avantageux. Tout cela
nous apprend que le cultivateur pourrait abandon-
ner à la nature le soin de former ses prés naturels ;
mais nous voyons aussi qu'il se passerait plusieurs
années avant que la prairie ainsi formée ne pût
donner un produit abondant. C'est alors qu'inter-
viennent utilement l'intelligence et le concours de
l'homme. En étudiant la nature de son sol, son
degré d'humidité, le climat de sa localité, le cultivateur pourra faire le choix des graines de plantes
qui lui conviendront et les sèmera.

Mais auparavant examinons les travaux préparatoires que réclame le sol.

Travaux préparatoires pour les Prairies naturelles.

Il faut d'abord, pour former un pré naturel qui
puisse donner de bons produits, que le terrain sur
lequel il va reposer, soit en bon état. Si c'est un
marais, une lande ou un bois, il faut dessécher le

marais, défricher la lande ou le bois. Cette première opération faite, le sol doit être bien assaini, bien ameubli. Il devient encore important de donner à la surface du sol une disposition convenable : si la prairie ne peut être soumise à l'irrigation , on tâche de la rendre plane, pour faciliter les opérations du fauchage si elle est destinée à être fauchée, et aussi pour empêcher l'eau pluviale de séjourner dans les endroits bas, parce qu'alors on aurait dans certaines parties de mauvais fourrage.

Si la prairie peut être irriguée, on la dispose de manière que l'irrigation en soit convenable et régulière. La terre bien préparée, amendée, et, s'il est nécessaire, convenablement fumée, on fait un choix dans certaines proportions qu'il est difficile d'établir, des diverses espèces de graines propres à former une prairie en rapport avec la nature de la terre. Puis on les sème dans une récolte de céréales de printemps ou d'hiver. La quantité de graines nécessaires varie entre 30 et 35 kilos par hectare. Pour les répandre, il faut, autant que possible, choisir un temps calme, afin que la dispersion de ces graines, qui sont quelquefois très-petites, se fasse régulièrement. On donne ensuite un hersage. L'ensemencement des graines de prairies peut se faire dans une autre récolte et offre au cultivateur un double avantage. D'abord cette autre récolte protége les jeunes plantes contre l'ardeur du soleil, en même temps que le produit de cette ré-

4

colte paie la rente de la terre pendant cette première année. Tels sont les moyens généralement
usités pour la création des prairies naturelles.

Soins et entretien des Prairies.

Il ne suffit pas au cultivateur d'établir des prés,
il faut encore qu'il sache et surtout qu'il comprenne
bien que s'il veut en obtenir de bons fourrages, bien
nourrissants, il doit leur prodiguer des soins d'entretien et des engrais. Nous insisterons sur ce point,
parce que la généralité de nos cultivateurs suppo-
sent qu'une prairie une fois formée, doit s'entretenir d'elle-même et durer indéfiniment. C'est là une
grave erreur que nous allons chercher à détruire.
Est-ce que les plantes de nos prés vivent autrement
que celles de nos autres cultures ? Evidemment
non ! Elles vivent donc aux dépens des principes
fertilisants de l'air et du sol, sur lequel elles repo-
sent ! S'il est vrai que l'air leur fournit tous les ans
un certain contingent de principes fertilisants, c'est
bien au sol qu'elles empruntent la silice qui forme
leurs pailles et le phosphate de chaux qu'elles ren-
ferment. Il résulte de ceci que lorsqu'elles viennent
à être fauchées, elles emportent du sol des éléments
de fertilité qui n'y reviennent pas, si on ne leur
fournit pas d'engrais. Mais en nous plaçant même
dans des conditions plus avantageuses, dans le cas,

par exemple, où comme nous le verrons plus tard, les prairies, au lieu d'être fauchées, sont pâturées par les animaux, le sol de la prairie perd encore une partie de ses principes minéraux fertilisants, car les vaches n'y laissent pas leur lait; en outre, le veau qui deviendra bœuf, le poulain qui deviendra cheval, l'un et l'autre vivent et croissent aux dépens de la prairie, et n'y laissent ni leur chair ni leurs os. Nous voyons donc bien que toute prairie qui ne reçoit pas d'engrais autres que les principes fertilisants de l'air et de la pluie, est destinée à périr tôt ou tard. Nous en avons assez dit pour faire comprendre à nos cultivateurs que, tout en reconnaissant que la bonté des fourrages des prairies naturelles dépend beaucoup de la qualité des terrains qui les portent, néanmoins ils sont susceptibles d'améliorations ; et alors le cultivateur qui a de mauvais fourrage, peut s'en prendre à lui-même. Cela vient de ce qu'il ne donne aucun soin à ses prés. Les principaux moyens d'améliorer les prairies sont les irrigations, les engrais et les autres soins qu'on peut leur donner.

Puisqu'on dit que c'est l'eau qui fait l'herbe, une des principales améliorations qu'on puisse fournir aux prés, c'est de les irriguer. Mais malheureusement les irrigations ne sont pas toujours possibles, et là où elles le sont, les cultivateurs n'ont pas toujours les ressources nécessaires pour faire les frais d'une pareille entreprise.

Mais il est toujours facile de leur fournir des engrais. Du reste, est-ce que ce n'est pas le seul moyen que doivent employer nos cultivateurs, s'ils veulent avoir de bonnes récoltes de toutes leurs autres cultures. Les engrais qui conviennent le mieux aux prés naturels sont les cendres, les charrées, la suie, le plâtre ; puis ensuite viennent les composts, les arrosements avec des purins, des urines, et la poudre d'os à raison de 200 kilos par hectare. Nous ferons néanmoins observer aux praticiens que c'est surtout sur les prés soumis à l'irrigation qu'on obtient les meilleurs effets de la poudre d'os. Les cendres, au contraire, conviennent mieux aux prés secs qu'aux prés humides. Quel que soit l'engrais qu'on emploie, il est toujours convenable de le répandre au printemps, lorsque la végétation reprend, et si les prés se trouvent envahis par la mousse, il est avantageux de donner un coup de herse qui soulève la mousse, qu'on a soin d'enlever au fur et à mesure.

Outre les irrigations, quand elles sont possibles, outre les engrais, toujours utiles, les prés naturels réclament encore quelques soins du cultivateur. Souvent ils sont ravagés par les animaux nuisibles ou envahis par des plantes inutiles qu'on a intérêt à détruire.

Animaux nuisibles.

Les animaux nuisibles sont les taupes, les lombrics ou gros vers de terre. Quoique les taupes ne détruisent pas les racines des plantes, elles offrent l'inconvénient de creuser dans les prés des galeries souterraines et de former de distance en distance de petits monticules de terre, qui gênent la végétation. Sur les prés qui sont irrigués, les taupes ne peuvent guère résister, parce que l'eau, en inondant leurs galeries, finit par les détruire. Mais il n'en est pas de même sur les prés qui ne reçoivent pas les bienfaits de l'irrigation. Un cultivateur intelligent devra disperser sur les prés les monticules de terre provenant de leur travail et détruire ces animaux au moyen de piéges. Mais lorsque le nombre en est considérable et qu'on en rencontre presque à tout pas daus les prés, il faut avoir recours à des instruments analogues à ceux connus sous le nom d'*Etaupinoir de Dombasle*. Ou bien encore à l'instrument désigné par Schwertz, sous le nom de *Rabot des prés*.

Quant aux gros vers qui ravagent les racines des plantes de nos prés et qui sont parfois en nombre considérable, il est souvent bien difficile de les détruire. Les recettes ne manquent pourtant pas, mais elles ne donnent pas toujours des résultats satisfaisants. Ainsi on a conseillé l'emploi des résidus des savonneries, substance qu'on pourrait au besoin remplacer par de la chaux. On délaie cette chaux dans de l'eau et on arrose les prés. Ce moyen offre bien l'avantage de détruire les vers, mais il a

aussi souvent l'inconvénient, à cause de sa causticité,
de brûler les plantes de nos prés. Le remède est
donc quelquefois pire que le mal.

Plantes nuisibles.

Il est impossible, malgré les soins qu'on apporte
au choix des graines qu'on sème pour former une
prairie, d'empêcher de se développer un certain
nombre de plantes inutiles ou même nuisibles. Les
plantes inutiles sont celles qui, comme les joncs,
le chardon, les carexs, la patience, l'arrête-bœuf,
ont l'inconvénient de produire de mauvais fourrages en gênant le développement des bonnes
plantes.

Les plantes nuisibles sont celles qui, comme
l'ail, le colchique, la ciguë, sont délétères, repous-
sées par les animaux, ou bien donnent au lait ou à
ses produits des saveurs désagréables. Il est donc
du devoir d'un bon praticien de chercher aussi à
détruire toutes ces plantes. Mais la question n'est
pas toujours des plus faciles. Lorsque ce sont des
joncs, des carexs, des mousses, plantes que l'on voit
surtout sur les prés humides et peu calcaires, on
en vient facilement à bout en assainissant le pré
par l'usage des cendres, du plâtre ou du chaulage.
Mais lorsque ce sont des plantes à racines profondes, comme les fougères, la patience, les chardons,

l'arrête-bœuf, on ne peut les détruire qu'en les attaquant individuellement, c'est-à-dire en employant tous les moyens possibles pour les arracher. Enfin, un dernier moyen utile à l'entretien des prairies, c'est d'avoir soin de combler les creux, d'aplanir les amas qui peuvent se faire annuellement dans le pré, afin d'entretenir autant que possible une surface convenable et uniforme.

CHAPITRE VII.

—

Exploitation des Prés.

Une fois établis, les prés naturels peuvent être exploités de deux manières différentes : ou ils seront pâturés par les animaux sur le champ même, et dans ce cas on les désigne sous le nom spécial de *pâturages* ; ou bien encore, ils seront fauchés et amenés à la ferme pour servir à l'alimentation du bétail. Quelquefois c'est en vert ; mais le plus souvent ils seront desséchés, pour servir au même usage, au fur et à mesure des besoins. S'il est des cas particuliers où le pâturage soit le meilleur moyen d'exploiter les prés, comme par exemple lorsqu'ils sont placés en pente ou sur des plateaux élevés, ou bien encore lorsqu'ils se trouvent sous des climats humides où le fanage est presque impossible, il est néanmoins bien des circonstances dans lesquelles le cultivateur est libre de choisir le mode d'exploitation qu'il voudra. Alors il devient utile de lui signaler les avantages ou les désavantages qui peuvent résulter pour lui de tel ou tel mode d'exploitation.

L'exploitation d'une prairie naturelle, au moyen du pâturage, est celle qui occasionne le moins de frais et de main-d'œuvre, puisque, dans ce cas, il n'y a ni fauchage ni fanage. En outre, les animaux par les déjections qu'ils vont y laisser, rapporteront sur le pâturage une partie des éléments de fertilité qu'ils lui ont enlevés. Afin que le cultivateur comprenne bien ici notre pensée, nous allons prendre pour exemple un hectare de pré qui fournirait annuellement 4,000 kilos de bon foin fané. Cette quantité représente 48 kilos d'azote et 40 kilos de phosphate. Il est évident que si l'hectare de pré était fauché, il perdrait annuellement en principes fertilisants 48 kil. azote et 40 kil. phosphate. Mais s'il est pâturé, la déperdition des principes fertilisants sera moins grande, puisqu'une partie des 48 kilos d'azote et des 40 kilos de phosphate sera rapportée au sol par les déjections des animaux. Nous voyons donc jusqu'ici que le pâturage est le moyen d'exploitation le moins coûteux et le moins épuisant. Et le cultivateur jugera de suite aussi qu'il est plus nécessaire de fumer un pré fauché qu'un pré pâturé.

Cependant, il n'en faudrait pas conclure que le

4.

fauchage vaille moins que le pâturage; car, assez
généralement les prés fauchés, lorsqu'ils sont bien
fumés et bien entretenus, sont plus productifs. Les
animaux en liberté choisissent toujours les plantes
qui leur sont le plus agréables, et alors celles qu'ils
dédaignent, qui sont généralement les mauvaises,
deviennent prédominantes. Les animaux gaspillent
en outre le fourrage, le salissent de leurs excré-
ments et concourent par ce moyen à la détérioration de la prairie. Par le fauchage, bonnes et mauvaises plantes sont enlevées, et toutes ces plantes,
données plus tard aux animaux, dans leurs rations
journalières, finiront par entrer dans leur alimentation et concourir pour une part plus ou moins
grande à la confection des produits qu'ils nous
donnent.

Quant à l'époque à laquelle on doit faucher une
prairie, il ne faut pas oublier que c'est au moment
de la floraison qu'on doit effectuer ce travail. C'est,
en effet, l'époque à laquelle le fourrage sera tout à
la fois le plus abondant et le plus nourrissant. Si le
cultivateur laissait passer cette époque, il s'exposerait à laisser perdre beaucoup des matières nutritives
du fourrage ; car, après la floraison, toutes les parties azotées et phosphatées, c'est-à-dire toutes les
parties nutritives, se concentrent vers la graine qui
est la partie la plus exposée à se perdre par le fanage et le bottelage. Mais puisque les espèces nombreuses et variées qui forment un pré n'ont pas tout-

à-fait la même époque de floraison, le cultivateur devra choisir, pour le fauchage, le moment où il y a dans le pré le plus de plantes en fleur.

Le foin coupé, on procède au fanage et au bottelage. Nous n'entrerons ici dans aucun détail sur ces opérations pratiques, bien connues de nos cultivateurs. Quand le temps est favorable, le foin est bon à rentrer le lendemain du jour où il a été coupé. Si on craignait la pluie et qu'il ne fût pas tout-à-fait sec, on ne devrait pas hésiter à le rentrer un peu humide ; car, en le tassant convenablement dans le fenil, en le recouvrant de paille, il subira une fermentation qui le brunira et en attendrira les tiges.

En Suisse, en Allemagne, on prépare exprès de ce foin bruni qui est connu sous le nom de foin de Klapmayer, du nom de son inventeur. Comme ce foin est recherché par les animaux, et que même, dit-on, il concourt à leur engraissement, il nous paraît convenable d'en indiquer ici la préparation qui est, du reste, simple et facile. Dès que le foin est coupé, on le tasse en meules de 1,500 à 2,000 kilos ; deux ou trois jours après, la fermentation s'est si fortement emparée de la masse, qu'il est presque impossible d'y tenir la main ; dans cet état le foin exhale une odeur agréable de miel ou de pommes cuites, et les tiges sont amincies et aplaties. Si le temps le permet alors, on étale la meule, on la fait sécher et on la rentre au fenil. Si le temps est pluvieux, on attend un moment favorable pour cette opération. En Allemagne on conserve encore les foins rentrés trop humides, au moyen du sel qu'on dispose par couches. Le sel, en absorbant l'eau, conserve le foin et lui donne un goût qui le fait rechercher par les animaux. Enfin le foin, quoiqu'il ait été rentré sec, est exposé à se moisir ou à se détériorer. C'est le cas où il est serré dans des fenils situés au-dessus des étables, et où les planchers sont mal joints, ou même n'existent pas. Les exhalaisons humides de l'étable, en pénétrant imparfaitement cette masse de fourrages occasionnent des moisissures qui le rendent désagréable et même insalubre.

Rendement des Prairies.

Rien n'est plus variable que le rendement en fourrage des prairies. Dans le Calvados, dans le Vaucluse, on trouve des natures de sol qui donnent annuellement jusqu'à 15 à 18,000 kilos de fourrage sec par hectare ; mais ce sont là des exceptions, et l'on peut considérer comme un bon rendement moyen, 4 à 6,000 kilos de fourrage sec par hectare et par an.

Durée des Prairies.

Lorsqu'une prairie est établie sur un bon sol qu'elle est bien entretenue, bien fumée, comme elle s'améliore d'année en année, nous voyons qu'elle peut avoir une durée illimitée. Mais toutes les prairies ne sont pas dans ces conditions, et souvent en établissant une prairie, le cultivateur a en vue un double but : produire des fourrages et profiter de l'amélioration qu'elle apportera à son sol, pour la défricher ensuite et y faire d'autres cultures. Le temps est donc dans ce cas un capital que le cultivateur immobilise momentanément, mais qu'il espère retrouver plus tard dans la fertilité que son champ aura acquise. Mais le cultivateur ne devra pas oublier qu'en défrichant une prairie il lui faudra consacrer une partie équivalente de la ferme à la culture de fourrages quelconques. D'un autre côté, la fertilité acquise par la prairie sera bientôt épuisée. Si donc on veut la remettre plus tard en prairie, il faudra attendre quelques années avant qu'elle donne de nouveau des produits ; si, au contraire, on veut la conserver en terre labourable, on ne pourra en maintenir la fertilité qu'au moyen des engrais.

Nous voyons donc que le défrichement d'une prairie est une opération qui mérite de la part des cultivateurs un examen bien réfléchi.

Prairies artificielles.

L'étude que nous venons de faire, tout en nous démontrant que les prairies naturelles donnent le

le fourrage le plus sain et le plus nourrissant pour
le bétail, et tout en nous prouvant que de toutes les
cultures, ce sont celles qui exigent le moins de
main-d'œuvre, en offrant au cultivateur le moyen
d'améliorer ses champs, nous apprend néanmoins
qu'elles ne sont pas tout-à-fait sans inconvénient.
Elles demandent, en effet, un temps assez long pour
donner des produits satisfaisants, et le temps est
toujours pour un cultivateur intelligent un capital
précieux qu'il doit chercher à économiser. Aussi
voyons-nous, toutes les fois que le climat et la nature du sol le permettent, nos cultivateurs remplacer les prairies naturelles par la culture des prairies artificielles, qui offrent à divers degrés les
mêmes avantages. Effectivement les prairies artificielles n'exigent pas beaucoup plus de main-d'œuvre,
se développent rapidement et fournissent sur une
même étendue de terrain plus de fourrage. Alors
elles donnent au cultivateur la facilité de nourrir
un nombreux bétail, d'accroître la masse du fumier,
et en un mot d'améliorer la ferme et d'augmenter
le rendement des cultures en grains. Les prairies
artificielles pouvant aussi être pâturées ou fauchées, offrent au cultivateur, à sa volonté, du fourrage vert ou du fourrage sec, et quoique les espèces
qui peuvent les former soient moins nombreuses
que celles des prairies naturelles, néanmoins le cultivateur peut y trouver des espèces précoces qui lui
permettent de donner du vert à ses bestiaux, même

avant l'époque où une prairie naturelle aurait pu lui en fournir.

Les plantes qui peuvent servir à la formation des prairies artificielles appartiennent à deux groupes bien distincts, dont le cultivateur doit savoir faire la différence. Les unes, comme la luzerne, ont de longues racines pivotantes, un feuillage très-développé et empruntent à l'air beaucoup de principes fertilisants. Elles améliorent le sol, parce qu'elles lui laissent, après leur défrichement, plus de principes qu'elles n'en ont reçu de lui. C'est le groupe améliorateur, formé en majeure partie par des légumineuses.

Les autres, comme le ray-grass, ont des racines frêles et *traçantes* et un feuillage peu développé. Celles-là empruntent donc au sol la majeure partie des éléments qui les forment ; et, en outre, ne lui laissent que peu de chose après leur défrichement. C'est le groupe épuisant formé en grande partie par les graminées.

Le tableau suivant nous montre les principales espèces comprises dans chacun de ces groupes,

GROUPE AMÉLIORANT.	GROUPE ÉPUISANT.
Trèfle.	Ray-grass.
Luzerne.	Minette.
Sainfoin.	Sarrazin.
Vesce.	Moutarde.
Ajonc.	Maïs.
Topinambour.	Moha.
	Fromental.

Nous allons les étudier successivement.

Culture du Trèfle.

Le trèfle, dont on connaît plusieurs variétés, mais dont la plus commune est le trèfle rouge ou trèfle commun, ou encore trèfle de Hollande, est une petite plante vivace qui croît spontanément dans la plupart de nos prairies. Mais si nous cherchons à renseigner le cultivateur sur les conditions les plus favorables à son développement, l'expérience et la pratique nous apprennent que le trèfle aime les terrains qui conservent en tout temps un certain degré d'humidité. Or, quels sont ceux qui conservent facilement, dans nos climats, l'humidité? Ce sont les terrains argileux, argilo-calcaires.

Le trèfle ayant une racine pivotante qui s'enfonce dans le sol à une certaine profondeur, a donc encore besoin d'un sol convenable, mieux ameubli. Enfin, puisque l'analyse nous démontre que les substances minérales qui conviennent le mieux au développement de cette plante, sont la potasse, la soude et surtout la chaux, il faut pour cette culture des terres pourvues de chaux et de ces alcalis. Tels sont les sols argileux, argilo-calcaires, les terrains schisto-granitiques, s'ils ont été convenablement amendés par le chaulage ou par le marnage, et s'ils ont en outre reçu une quantité suffisante d'engrais.

Nous pouvons donc dire maintenant aux cultivateurs que les terres qui conviennent le mieux à la culture du trèfle sont celles qui conservent en tout temps une dose d'humidité convenable et qui sont calcaires. Ce sont les terres argileuses, les terres argilo-calcaires, en un mot, les terres à froment. Cela est si vrai que, dans le midi de la France, quelle que soit la nature des terres, si les terrains ne reçoivent pas les bénéfices de l'irrigation, on ne peut guère obtenir de bonnes tréflières, et que, dans nos climats, si les trèfles sont placés sur des terres siliceuses, qui deviennent arides par les sécheresses de l'été, ils ne donnent pas de bons produits; et qu'il en est de même sur les terres qui, tout en conservant un certain degré d'humidité, ne contiennent pas de calcaire. Mais en-dehors des qualités que nous venons d'indiquer, la terre, pour donner de bonnes récoltes de trèfle, a besoin encore de présenter un certain état de fertilité et d'avoir reçu une fumure convenable. Cette fertilité naturelle du sol permet au trèfle de prendre à son début un développement vigoureux et d'étouffer à son profit les mauvaises herbes.

Cette vérité est bien reconnue de nos cultivateurs, car, quels que soient l'assolement ou la rotation de cultures établies à la ferme, nous voyons nos praticiens semer leur trèfle après une plante sarclée, mais généralement dans une céréale de printemps ou d'hiver, cultures qui, lorsqu'on veut y établir une tréflière, doivent avoir reçu une bonne fumure.

Préparation du Sol, époque de l'ensemencement.

Quel que soit le climat, quelle que soit la nature du sol, lorsqu'on veut y faire un trèfle, il faut avoir soin que le champ soit bien propre, bien ameubli, c'est-à-dire bien labouré, bien hersé ; il faut, en outre, qu'il ait reçu une fumure convenable. C'est, comme nous venons de le dire, généralement dans une céréale d'hiver ou de printemps, particulièrement dans une céréale de printemps, qu'on sème le trèfle ; quelquefois, on répand la semence en même temps que la céréale ; d'autres fois on ne sème le trèfle que huit à dix jours après la céréale. L'époque à laquelle on peut semer le trèfle va depuis le commencement de février jusque vers le 15 avril.

La graine semée, on l'enterre légèrement par un coup de herse. Une observation que ne devront pas oublier nos cultivateurs, c'est que la graine du trèfle demande à être peu couverte. Plus les graines sont enterrées, moins il y en a qui lèvent, et plus leur germination est retardée. C'est ce qui résulte des expériences de Schwertz, que voici : Sur 100 graines enterrées à la profondeur

de 8 centimètres, il en lève sur 100.........	0	—
6 centimètres.........................	27 en 13 jours.
3 centimètres.........................	93 en 9 jours.
1 centimètre 1/2.....................	97 en 6 jours.

Choix des Semences.

Avant de semer une graine quelconque, il est toujours important pour un cultivateur de s'assurer de l'état de sa semence, si elle est bonne et bien conservée. Car si le cultivateur n'a pas récolté lui-même sa semence, s'il la tire du commerce, il peut être exposé à rencontrer des graines altérées ou mélangées. Les graines de trèfle peuvent être altérées, soit parce qu'elles ont été récoltées avant leur maturité complète, soit parce qu'elles ont été mal desséchées. On reconnaît ces altérations à la couleur de la graine qui dans ce cas est terne et brunâtre, tandis que la bonne graine de trèfle est luisante, d'un jaune clair, mêlé de violet. Quant aux graines étrangères qu'on y peut rencontrer, ce sont généralement des graines de plantain lancéolé, ou des capsules de cuscutes. Les graines du plantain sont faciles à reconnaître : elles sont allongées, presque triangulaires, et sont fendues dans le sens de la longueur. Les capsules de cuscute se reconnaissent facilement, et, suivant M. Heuzé, on en débarrasse les graines de trèfle en jetant les graines mélangées dans l'eau. Les graines qui ne tombent pas au fond de l'eau sont des graines de cuscute. Il est nécessaire ensuite de faire dessécher ces graines ; car, après cette épreuve, elles ne tarderaient pas à germer.

Quantité de graines à répandre.

Nos praticiens ne sont pas d'accord sur la quantité
de semence à jeter dans un hectare de terre. S'il
est vrai de dire que les quantités de semences
peuvent varier suivant les natures de sol et les
localités, il nous appartient de donner à ce sujet
quelques enseignements utiles qui pourront guider
les praticiens. Le but qu'on se propose en faisant
un trèfle est d'abord la création d'un fourrage tout
à la fois agréable et nourrissant pour les animaux.
Que se passerait-il si les graines de trèfle étaient
semées écartées, comme les grains de blé? Il en
faudrait certainement moins que si l'on semait dru
et serré. Mais alors ces graines peu nombreuses se
développeraient vigoureusement, leurs tiges deviendraient plus grosses et acquerraient presque
la dureté du ligneux. Elles formeraient alors un
fourrage trop dur à la mastication des animaux;
en un mot, cela ferait un mauvais fourrage. Si, au
contraire, les graines de trèfle sont semées dru; il
est vrai qu'il en faut davantage; mais alors les graines forment une végétation serrée qui étouffe les
mauvaises herbes, se gênent mutuellement pour
acquérir un grand développement et peuvent former ainsi un fourrage plus fin, plus agréable et plus
substantiel. A ce point de vue, il y aurait donc
avantage à semer dru. Ajoutons qu'il faut plus de

semence dans les terres légères que dans les terres un peu compactes qui conservent mieux l'humidité; qu'il en est de même dans les terres salies par les mauvaises herbes; qu'il en faut plus dans les sols pauvres que dans les sols fertiles, et qu'il en est encore de même pour les trèfles placés dans les céréales d'hiver; qu'il en faut davantage, si, au lieu de semer la graine de trèfle en même temps que la céréale, on la sème dix ou quinze jours après ; qu'enfin, il faut semer en moyenne la quantité de 18 à 20 kilos de semence par hectare.

Ajoutons encore que si le trèfle est destiné à durer plus d'une année et à servir de pâturage, la seconde année, on peut mélanger dans la graine de trèfle rouge un peu de trèfle blanc, ou bien encore un peu de ray-grass qui donne aux animaux une nourriture plus variée.

Soins d'entretien.

Lorsque le trèfle a été fait dans de bonnes conditions, il ne réclame guère, jusqu'au moment où on le défriche, d'autres soins d'entretien qu'un plâtrage qui peut doubler le rendement en fourrage, ou encore un peu d'engrais qui puisse convenir à son développement.

CHAPITRE VIII.

Trèfle (*Suite.*)

Bien que le trèfle soit une plante améliorante, puisque, comme nous le verrons plus tard, une tréflière améliore assez le sol pour que le cultivateur puisse, après son défrichement, obtenir sans engrais une bonne récolte de blé ; néanmoins on comprend facilement que, pendant les deux années à peu près que le trèfle va rester en terre, par les diverses coupes qu'on en obtient, on enlève du sol une certaine quantité de matières minérales qui sont, comme nous l'avons vu, de la chaux, des alcalis et des phosphates. Il est donc utile de fumer les trèfles, et cette utilité devient une nécessité si le sol n'a pas été convenablement fumé; ou si les trèfles ont mal levé. Pour cela, après avoir fait choix de l'engrais qui convient à cette plante, on l'applique en couverture, soit à l'automne, soit au printemps qui suit le développement du trèfle. Il est prudent de ne pas donner à l'automne une fumure trop importante , parce que le trèfle se développant vigoureusement, deviendrait trop sensible aux gelées. On complète la fumure vers le printemps suivant.

Les engrais qui conviennent le mieux au trèfle sont le plâtre, les cendres, les charrées, les cendres de tourbe, les cendres pyriteuses, les os en poudre, la chaux éteinte, les composts faits avec des matières organiques, de la marne, des écailles d'huîtres pulvérisées et arrosées avec des urines. Enfin, les urines et le plâtre forment l'engrais le plus puissant pour faciliter la production du trèfle.

Tous les cultivateurs connaissent aujourd'hui les bons effets du plâtre sur les prairies artificielles. Ils savent qu'au moyen de 300 kilos de plâtre, ils arrivent presque à doubler le produit d'un hectare de trèfle ; mais l'expérience nous apprend aussi que le plâtrage ne réussit pas sur tous les sols, particulièrement sur les sols trop humides. Dans ce cas, on peut le remplacer par les autres engrais que nous venons de citer et qui peuvent être employés, soit en les enfouissant dans le sol en même temps que les semences, soit en les répandant en couvertures sur les trèfles, ou à l'automne ou au printemps suivant.

Les doses auxquelles ces engrais s'emploient sont généralement les suivantes par hectare :

Plâtre, 250 à 300 kilos ;

Cendres, 20 à 30 hectolitres ;

Charrées, 30 à 40 hectolitres ;

Cendres de tourbe, 40 à 120 hectolitres ;

Cendres pyriteuses, 400 à 600 kilos.

De la récolte du Trèfle. — De la météorisation des animaux.

La première année de son développement, le trèfle ne donne guère qu'un fourrage insignifiant. Ce n'est que la deuxième année de son ensemencement qu'il donne son principal produit, que les cultivateurs utilisent, soit comme pâturage, soit comme fourrage, servi à l'étable, en vert ou fané. Comme fourrage vert, le trèfle, qu'il soit pâturé ou fauché, est bien accepté par tous les animaux de la ferme ; mais il convient mieux aux animaux de rente qu'aux animaux de travail ; parce qu'il pousse à l'engraissement et à la production du lait. Mais ce fourrage demande à être distribué avec une certaine prudence ; car l'expérience a appris trop de fois à nos cultivateurs les dangers auxquels les animaux sont exposés lorsqu'on les laisse pâturer librement sur les trèfles. Ils sont souvent pris par un gonflement du flanc gauche, accident qui est désigné généralement sous le nom de *météorisme* ou de *météorisation*, et qui se manifeste surtout lorsque le bétail pâture le matin sur les jeunes trèfles avant l'évaporation de la rosée. Mais cela n'arrive qu'exceptionnellement, lorsque le trèfle vert est donné à l'étable après avoir été *ressuyé*. Quelques cultivateurs, pour prévenir les accidents, sèment en même temps que le trèfle, une certaine quantité de graines de ray-grass ou de paturin des prés. Par ce moyen, ils offrent un fourrage mélangé qui ne présente pas les mêmes inconvénients. Mais lorsque les animaux sont pris par cette maladie qui peut causer leur perte, les cultivateurs emploient une foule de remèdes empiriques. Un des meilleurs consiste à faire prendre dans un verre d'eau fraîche une à deux cuillerées ordinaires d'alcali volatil (ammoniaque liquide) pour une vache, ou 20 à 30 gouttes pour un mouton. Le gonflement diminue généralement dans l'espace d'une demi-heure. Si cela n'a pas lieu, on peut renouveler, encore une fois ou deux, la même potion. Enfin, si ce moyen reste insuffisant, il faut avoir recours à la ponction, opération qui consiste à crever la panse de l'animal, et que chaque cultivateur devrait savoir pratiquer, sans avoir besoin du concours d'un vétérinaire.

Lorsqu'on destine le trèfle à être fané, on peut obtenir généralement deux bonnes coupes, à moins que l'été ne soit trop sec et nuise au développement de la seconde. La première coupe doit avoir

5

lieu au début de la floraison, parce que l'expérience montre que c'est à cette époque que le rendement en bon fourrage est le plus abondant. Si l'on attendait pour cette coupe que le trèfle fût tout-à-fait en fleur, les tiges deviendraient ligneuses et donneraient au bétail un fourrage moins substantiel. La seconde coupe doit avoir lieu lorsque le trèfle est en pleine fleur, les tiges à cette époque ne sont jamais aussi ligneuses qu'à la première pousse.

Lorsqu'on procède au fanage du trèfle, il faut avoir beaucoup de précaution et éviter autant que possible de le remuer trop souvent ; car il s'en perdrait beaucoup. L'opération n'est pas toujours facile, car le trèfle vert contient beaucoup d'eau. Il en perd, en se fanant, en moyenne, les deux tiers de son poids. On pourrait aussi les faire faner par le procédé de Klapmayer, au moyen duquel on obtiendrait un fourrage brun, d'assez mauvaise apparence, mais que le bétail semble préférer au foin ordinaire.

Rendement du Trèfle.

Le rendement d'une récolte de trèfle varie naturellement suivant la nature du climat, la fertilité du sol et son degré d'humidité ; mais ce qu'il y a de positif, c'est que la première coupe donne toujours plus de fourrage que la seconde. Quant à sa valeur nutritive, les praticiens nous apprennent que

100 kilos de bon trèfle fané équivalent à 100 kilos de bon foin fané ; mais qu'il faut 450 kilos de trèfle vert pour remplacer 100 kilos de foin fané.

Défrichement du Trèfle.

Quoique le trèfle puisse vivre plus de deux ans sur le même sol, l'expérience nous apprend que la troisième année il ne tarde pas à se laisser envahir par une foule de plantes nuisibles, et le fourrage qu'il donne devient moins bon et moins abondant. Aussi c'est pour cela que les cultivateurs ont soin de défricher leurs trèfles vers la fin de la deuxième année. La récolte qui lui succède est une culture de froment semé sans engrais, sur un seul labour peu profond. Il est important qu'il y ait quelques semaines que le labour soit fait, avant de répandre les semences de blé.

C'est pour donner aux racines du trèfle qui vont servir de fumure le temps de se décomposer, et pour faciliter le développement de la récolte de blé. Les résultats pratiques nous apprennent que la récolte du froment fait sur trèfle défriché, est meilleure que la récolte moyenne obtenue sur le même sol avant la culture du trèfle. Mais les cultivateurs ne doivent point ignorer que les débris et les racines du trèfle ne laissent à la terre que l'engrais nécessaire pour obtenir une récolte de blé, et que, s'ils ont l'imprudence de vouloir en obtenir davantage, ils appauvrissent leurs terres. Lorsque par hasard on ne défriche les trèfles qu'après trois ans, leurs racines, plus grosses, ne se décomposent pas assez vite pour que le froment puisse en profiter. Dans ce cas, on fait toujours succéder aux défrichements des trèfles de trois ans soit un seigle, soit une avoine, plantes moins exigeantes que le blé.

Plantes nuisibles.

Les champs de trèfle sont sujets à être envahis par une foule de plantes nuisibles, telles que la cuscute, le chiendent, la folle avoine, la petite oseille et bien d'autres. Le seul moyen de soustraire les trèfles à l'envahissement de ces plantes est d'abord de les placer sur un sol bien propre, et de donner à la culture du trèfle une place convenable dans l'assolement. Ainsi, par exemple, on les sème dans une céréale qui succède à une plante sarclée.

Animaux nuisibles.

Les animaux nuisibles à la culture du trèfle sont les souris, les mulots, les vers et les limaces. Les souris et les mulots peuvent être détruits par l'inondation de leurs trous, ou à l'aide de piéges; les limaces et les vers se détruisent en répandant sur les places où l'on suppose leur présence, de la chaux éteinte à plusieurs reprises, le matin avant le lever du soleil, ou le soir après que le soleil est couché.

Du Trèfle blanc.

Le trèfle blanc, ou trèfle à fleur blanche, désigné
aussi sous le nom du trèfle rampant ou *trèfle de
Hollande*, est une petite plante vivace qui croît
spontanément dans toutes nos prairies sur le bord
des chemins et sur les berges des fossés. Ses tiges,
moins élevées que celles du trèfle ordinaire, s'étalent en rampant à la surface du sol ; mais n'en
constituent pas moins un fourrage recherché par
les animaux.

Climat et Sol favorables.

Cette plante fourragère, qui présente plusieurs
variétés, est très-rustique et s'accommode bien
indistinctement de tous les terrains, qu'ils soient
maigres, sablonneux, calcaires, secs ou humides.
La culture du trèfle blanc mérite donc d'appeler
l'attention des praticiens, car il peut remplacer
facilement le trèfle rouge dans les terres trop maigres, trop sablonneuses et pas assez profondes pour
que la culture de ce dernier soit possible.

Place dans la rotation. — Préparation du Sol. — Ensemencement.

Le trèfle blanc peut occuper dans la rotation la
même place que le trèfle ordinaire, et comme il

exige les mêmes préparations du sol que lui, on
peut à volonté le semer à l'automne dans une céréale d'hiver, ou au printemps dans une céréale
d'automne ou de printemps. La quantité de semences à répandre est moins considérable que pour
le trèfle ordinaire ; car ses graines sont très-fines et
s'étalent beaucoup. Dix kilogrammes de semences
sont suffisants pour couvrir un hectare de prairie.

Engrais.

Considérée au point de vue des engrais, la culture
du trèfle blanc est encore avantageuse ; elle ne réclame d'autres engrais que le plâtre. Comme il ne
peut guère servir que de pâturage sur place, les
animaux peuvent y séjourner une partie de l'année,
et leurs déjections seules suffisent pour entretenir
le développement de ce fourrage.

Récolte.

Nous venons de voir que le meilleur parti que le
cultivateur puisse tirer de ce fourrage est de le faire
pâturer sur place. C'est qu'en effet, le trèfle blanc
ne devient fauchable que lorsqu'il est placé dans de
bonnes terres, ou bien lorsqu'il se trouve sur un
sol assez fertile pour qu'on lui associe quelques
graminées, comme le ray-grass. Cette dernière culture, en s'opposant au tallage du trèfle, le force à

s'élever davantage et lui permet de donner un fourrage qu'on peut faucher. Nos cultivateurs ne devront pas oublier que, lorsqu'on le fait pâturer,
principalement à l'automne qui suit son ensemencement, il leur faudra prendre les mêmes précautions que pour le trèfle ordinaire, car il peut aussi
déterminer la météorisation.

Durée du Trèfle blanc.

Une prairie de trèfle blanc peut se conserver pendant trois ou quatre ans, avant d'être retournée. Et
lorsqu'on vient à la défricher, on peut aussi facilement y faire une récolte de blé sans apport d'engrais.

En résumé, la culture du trèfle blanc présente les
avantages suivants : on peut le cultiver sur toute
espèce de terre ; il ne demande d'autres engrais que
le plâtre ; il reste en terre un temps double du trèfle
ordinaire ; il fournit un excellent pâturage pour les
bêtes à cornes et assez important pour qu'un hectare puisse nourrir six vaches. Enfin, il donne au
cultivateur, après son défrichement, le moyen de
faire une récolte de blé sans engrais.

Du Trèfle incarnat.

Le trèfle incarnat ou trèfle farouche est une fort
jolie plante annuelle, originaire du Midi de l'Eu-

rope. La culture de cette plante, longtemps limitée à quelques départements du Midi de la France, n'a guère été propagée dans le Nord de notre pays et dans nos contrées que depuis un demi-siècle. Disons tout d'abord que si cette plante offre quelques avantages à nos cultivateurs, parce que sa culture est peu exigeante et parce qu'elle peut facilement entrer dans l'assolement comme récolte intercalaire en fournissant bien avant les autres cultures un fourrage vert abondant et très-recherché par les animaux, toutefois nous allons voir qu'elle ne présente pas tout-à-fait les mêmes avantages que les autres fourrages ; parce que le trèfle incarnat ne fournit qu'une seule coupe ; parce que son fourrage sec est bien inférieur aux autres espèces que nous venons d'étudier, et enfin parce qu'il n'apporte au sol qu'une amélioration à peine sensible, si ce n'est nulle.

Terres qui conviennent au Trèfle incarnat.

Cette plante n'est pas exigeante ; car, quoique ce soit sur les terres argilo-siliceuses, silico-argileuses fertiles qu'elle donne généralement ses plus beaux produits, elle s'accommode néanmoins bien de toutes les terres, pourvu qu'elles ne soient point acides. Elle vient bien sur les sols légers, sablonneux, un peu calcaires, pourvu qu'ils soient frais. Il résulte

de ceci qu'elle peut donner des produits satisfaisants sur des sables où le trèfle ordinaire n'aurait
donné que de chétives récoltes. Les racines de cette
plante n'étant pas aussi longues que celles du trèfle
ordinaire, elle ne demande pas, par cela même, un
sol aussi bien ameubli : aussi, contrairement aux
autres cultures, le trèfle incarnat aime les sols durs,
fermes et battus.

Place dans la rotation.

C'est ordinairement après la récolte d'une céréale
d'hiver qu'on sème le trèfle incarnat ; c'est donc
vers la fin d'août ou au mois de septembre, pour le
récolter au mois de mai suivant. On peut ensuite y
faire succéder une récolte de pommes-de-terre, de
betteraves, de sarrasin, ou bien le faire suivre d'une
jachère, si le sol en a besoin pour être préparé à
recevoir une céréale d'hiver.

Ensemencement.

Nous venons de voir que c'est au mois d'août ou
de septembre qu'on doit semer le trèfle incarnat.
Toutes les fois qu'on le pourra, on choisira un jour
où il aura plu, ou un jour où le temps sera disposé
à la pluie. L'humidité que la graine rencontrera
dans le sol en assurera la germination. Puisque

5.

cette plante n'aime pas les sols ameublis par la char-
rue, on se contente de donner un ou deux hersages
au chaume de blé, et on répand dessus la graine. Un
léger labour ne devient nécessaire que sur les terres
argileuses trop compactes, ou bien sur celles qui
sont envahies par de mauvaises plantes qu'on veut
détruire. On sème par-dessus ce léger labour, on
donne quelques coups de herse, ou mieux, un léger
roulage pour enterrer la graine. Par cela seul que
le trèfle incarnat peut se semer au mois d'août ou
de septembre, il offre au praticien le moyen de remplacer un trèfle ordinaire qui, semé antérieurement
dans une céréale, aurait mal réussi, et, en un mot,
serait imparfaitement levé.

Avant de semer du trèfle incarnat, les cultivateurs
ne doivent pas oublier qu'il n'y a que les graines
d'une année qui lèvent bien. Si donc, ils n'ont pas
récolté eux-mêmes leurs graines, s'ils sont obligés
d'en acheter, ils ne doivent prendre que des graines
d'une année. Ils les reconnaîtront facilement à leur
couleur jaune-clair, les graines de deux ou plusieurs
années sont brunes-rougeâtres.

La quantité de graines à répandre par hectare
varie surtout suivant qu'on la sème émondée ou
avec sa gousse. Si la graine est émondée, il en faut
en moyenne 25 à 30 kilos par hectare ; si, au contraire, la graine est entière, il en faut 15 à 16 hectolitres, pesant à peu près 100 kilos. Ces chiffres
pourront peut-être paraître un peu élevés à nos cul-

tivateurs, mais il est important qu'ils n'ignorent pas qu'il y a avantage à ce que les semailles de trèfle incarnat soient un peu épaisses, car plus les plantes seront nombreuses, moins les tiges seront ligneuses, et meilleur et plus abondant sera le fourrage à donner aux animaux.

Le praticien trouvera avantage à associer au trèfle incarnat du ray-grass, de la vesce et de l'avoine d'hiver ; on obtient par ce moyen un fourrage varié plus nourrissant et qui fait rester le trèfle incarnat vert plus longtemps. On peut encore, en même temps qu'on sème du trèfle incarnat, y associer une demi-récolte de navets. Les navets étant bons à récolter au commencement de l'hiver, on les arrache au fur et à mesure des besoins. Si la semence des navets n'a pas été trop considérable, l'on n'en obtient pas moins, au mois de mai suivant, une bonne récolte de trèfle incarnat.

Engrais.

La culture du trèfle incarnat ne devient avantageuse à nos cultivateurs que parce qu'elle ne réclame généralement aucun engrais. Récolte intercalaire, elle doit profiter des résidus organiques laissés dans le sol par les cultures précédentes. Cependant, si cette plante a mal levé en automne, et ne paraît pas pouvoir donner au printemps suivant le fourrage sur lequel le cultivateur a droit de compter, que devra faire un cultivateur prudent pour ne pas perdre son travail et ses semences ? Il lui faudra répandre au printemps quelques engrais pulvérulents : tels que poudrette, guanos naturels ou artificiels. De pareils cas, disons-le de suite, se présentent rarement et fort heureusement, du reste ; car, alors dans ce cas exceptionnel, la culture du trèfle incarnat ne peut plus être considérée comme une source économique de fourrage. Mais ce qui est vrai pour les engrais, en général, ne l'est plus pour le plâtre. Cet engrais, partout où rien n'entravera son application, donnera toujours les meilleurs résultats. Ainsi, vers la fin même de l'automne qui suit les semailles du trèfle incarnat, un bon plâtrage sur cette culture fait déjà assez d'effet pour donner un fourrage assez bien garni pour être brouté par les jeunes veaux. Mais plâtré au printemps, le trèfle incarnat donne des produits qu'aucune plante fourragère ne saurait égaler. Nous ne pouvons donc qu'en recommander la culture à nos praticiens.

CHAPITRE IX.

Trèfle incarnat (*Suite.*) — Animaux nuisibles. — De la Luzerne.

Cette culture est très-exposée, surtout lors de
son premier développement, à être envahie par des
limaces que font éclore les premières pluies de l'automne. Les ravages que viennent produire ces animaux pèsent considérablement sur le chiffre des
récoltes qu'on peut en obtenir. Il est donc du plus
grand intérêt pour le cultivateur, lorsqu'il commence à s'apercevoir de leurs ravages, de chercher
à les détruire. On peut y arriver par les moyens que
nous avons déjà indiqués plus haut, ou plus simplement en faisant passer sur les champs le rouleau
Crosskyll. Enfin, l'expérience pratique semble démontrer aussi que si on brûle sur place le chaume
de la céréale qu'on veut ensemencer en trèfle incarnat, cette culture est alors moins exposée à être ravagée par ces animaux nuisibles.

Récolte.

Nous avons vu que c'était surtout comme fourrage vert qu'on utilisait à la ferme le trèfle incarnat.
Pour cela, on le fauche vers la fin d'avril ou au
commencement de mai, c'est-à-dire à l'époque où
cette plante commence à fleurir. Le cultivateur a
intérêt à le faire consommer de suite, et avec son
usage il n'a point à redouter les accidents de la
météorisation.

A cette époque son développement est rapide, et
lorsqu'il est défleuri, ses tiges durcissent, et il ne
devient plus pour les animaux qu'un fourrage peu
agréable.

Au point de vue du rendement, il est peu de
plantes qui, eu égard à la fertilité du sol, puissent
donner un aussi abondant fourrage. Des récoltes de
20 à 25,000 kilos en fourrage vert, représentant 5 à
6,000 kilos en fourrage sec, ne sont pas rares. Sa
valeur nutritive n'est pas facile à établir; parce
qu'elle varie, suivant l'état où il se trouve quand on
le fauche. Selon M. Heuzé, sa valeur nutritive, lorsqu'il est coupé avant le complet épanouissement
de ses fleurs, serait telle que : 42 kilos de trèfle incarnat égaleraient 10 kilos de bon foin fané de prairies.

Du Trèfle incarnat comme plante améliorante.

Bien des cultivateurs considèrent le trèfle incarnàt comme une plante améliorante; mais si nous l'examinons un peu à ce point de vue, il nous sera permis d'exprimer quelques doutes à ce sujet. Car les plantes améliorantes, en général, restent plusieurs années en terre et laissent après leur défrichement une certaine quantité de racines ou de débris dont le sol va profiter.

Le trèfle incarnat, au contraire, demeure à peine une année en terre, et ne laisse après lui que de faibles racines et des débris insignifiants. Nous voyons donc qu'il est difficile de donner à cette plante le nom d'améliorante. Mais, malgré cela, la culture de cette plante présente beaucoup d'avantages à nos praticiens. Le seul inconvénient qu'elle ait, c'est de ne pouvoir être utilisée que comme fourrage vert et d'avoir une durée qui n'est pas assez longue. Et alors on est forcé à la ferme d'en restreindre la culture. Mais les cultivateurs peuvent annuler ou détruire cet inconvénient à leur volonté. Il leur suffira de semer à côté du trèfle incarnat des trèfles tardifs, du trèfle blanc, par exemple, et ils pourront, par ce moyen, procurer à leurs animaux des fourrages verts jusqu'à la première coupe du trèfle rouge.

De la Luzerne.

La luzerne, plante vivace, originaire des contrées méridionales, est encore une culture fourragère améliorante qui rend les plus grands services aux cultivateurs, parce que, soit comme fourrage vert, soit comme fourrage sec, elle est également recherchée par les bestiaux.

La luzerne ayant autant d'importance que le trèfle rouge, il est assez difficile dans nos climats d'indiquer tout d'abord au cultivateur à laquelle des deux cultures il devra donner la préférence. Mais puisque les terrains sur lesquels on peut obtenir de bons trèfles ne feraient souvent que de mauvaises luzernières ; que, d'un autre côté, la luzerne donnant un fourrage vert et abondant, vers la fin de l'été, époque à laquelle la meilleure coupe du trèfle est enlevée; nous voyons de suite que le cultivateur qui aura dans nos localités des terrains propres à ces deux fourrages, aura avantage à les cultiver tous les deux.

Sols propres à la culture de la Luzerne.

Avant d'établir une luzernière, le cultivateur ne devra jamais oublier qu'il a une condition essentielle à remplir pour la culture de ce fourrage. La luzerne, avant tout et partout, exige un sol profond.

et perméable. Il importe donc de bien se renseigner sur la nature du sous-sol. Ceci s'explique d'abord par la longueur des racines de cette plante qui s'enfoncent profondément dans le sol, et aussi parce que la luzerne qui est une plante originaire des pays chauds, ne pourrait ni se développer, ni vivre dans des terres peu profondes et humides. Cette condition remplie, quelle que soit la nature du sol, pourvu qu'il ne soit pas trop compacte et suffisamment calcaire, la luzerne y viendra bien. De là la nécessité pour les cultivateurs de chauler ou de marner convenablement les terres sur lesquelles ils voudraient faire de la luzerne, si ces terres n'étaient pas calcaires.

De sa place dans la rotation.

La luzerne ne fait pas ordinairement partie de l'assolement établi à la ferme, en raison de sa durée que des circonstances peuvent faire varier entre quatre et douze ans. On la cultive généralement sur une surface indépendante de l'assolement régulier.

Préparation du Sol.

Puisque, comme nous venons de le voir, la luzerne demande surtout un sol bien ameubli; qu'il est utile, en outre, que ce sol soit exempt de plan-

tes vivaces et traçantes, nous voyons là, comme
moyen de préparation du sol, pour établir une luzerne, l'utilité des labours profonds ou des défonce-
ments, travaux qui devront être exécutés avant
l'hiver qui précède l'ensemencement de cette plante
fourragère ; mais on peut aussi réussir très-bien en
établissant une luzernière sur des terres qui ont
porté des plantes fourragères sarclées, et qui ont
été convenablement fumées. Mais, malgré cela, il
est encore utile d'inaugurer cette culture par une
fumure que paieront largement les nombreuses récoltes qu'on fera de cette plante.

Ensemencement.

Si nos cultivateurs se procurent par la voie du
commerce les graines de luzerne qu'ils veulent semer, ils devront avant tout veiller à ce que ces
graines soient de bonne qualité. Les meilleures sont
celles dites *de Provence* ; celles du Poitou sont
moins bonnes. Voici, en outre, les caractères auxquels on peut reconnaître les bonnes graines de
luzerne : si elles sont fraîches, elles doivent être
d'un jaune luisant et assez pesantes. Si, au contraire, elles sont ternes ou brunes, c'est qu'elles
sont trop vieilles, ou que pour les débarrasser de
leur enveloppe, elles ont été soumises à une chaleur
artificielle trop forte. Les commerçants de mauvaise

foi connaissent très-bien l'importance qu'attachent
nos cultivateurs au caractère luisant qu'elles doivent présenter. Ils leur donnent donc ce caractère
en les frottant dans un sac avec un peu d'huile.
Pour ne pas être dupe de cette faude, on peut faire
l'essai suivant : jeter les graines dans un verre d'eau,
placé dans une chambre dont la température varie
entre 16 et 18 degrés, et après trente ou trente-six
heures, on distinguera facilement les germes des
bonnes graines qui seuls commenceront à paraître.
Quelquefois les graines de luzerne sont mêlées de
graines de *cuscute*. On s'en débarrasse en les frottant et en les secouant à travers un crible qui laisse
passer les graines de cuscute qui sont très-petites.

Ensemencement.

Après avoir fait le choix de ses semences, le cultivateur pourra les semer, soit sur une terre nue
bien préparée, soit comme le trèfle, dans une autre
récolte. L'ensemencement dans une terre nue réussit bien en automne ; car alors la luzerne, que rien
ne gêne dans son premier développement, peut déjà
l'année suivante donner une récolte convenable.
Les graines doivent être répandues par un temps
calme, à raison de 25 à 30 kilos par hectare. Il suffit après l'ensemencement de herser avec un fagot
d'épines pour enterrer un peu les graines, car elles
n'ont pas besoin d'être enterrées profondément.

Lorsqu'au contraire on associe la luzerne à une autre récolte, c'est généralement à une céréale de printemps. On sème d'abord la céréale, puis ensuite la luzerne, et on enterre les deux semences par de légers hersages. Il est bien entendu que dans ce dernier cas la quantité des deux semences doit être moitié moindre que si chaque semence eût été semée seule.

Soins et engrais propres à cette culture.

Si une terre bien ameublie, si le choix de bonnes graines sont des conditions essentielles pour établir une luzerne, une fois levée, cette culture réclame aussi des soins d'entretien et des engrais, si l'on veut qu'elle donne de bons fourrages et qu'elle dure longtemps. Quand la luzerne a été semée en automne, il est convenable, lorsque ses feuilles commenceront à couvrir la terre, de lui donner un demi-plâtrage. Cet engrais, en stimulant la végétation, permet à cette culture de résister plus facilement aux gelées de l'hiver. Si la luzerne a été semée au printemps, dans une autre récolte, on pratique le plâtrage après l'enlèvement de la récolte. Mais plus tard, quelle que soit l'époque à laquelle la luzerne a été semée, lorsqu'elle est bien enracinée, on lui donne avec avantage au printemps un ou deux bons hersages qui ont pour but de faciliter le développement des jeunes pousses et de détruire les mauvaises plantes. Si le terrain sur lequel repose la luzerne n'était pas très-calcaire, on pourrait, suivant les ressources des localités, remplacer le plâtre par de la marne répandue pendant l'hiver ou bien par des cendres de tourbe qui sont très-calcaires, répandues au printemps, à raison de 15 hectolitres par hectare. Mais si le plâtre ou les amendements calcaires conviennent bien pour faciliter le développement de cette culture, les cultivateurs devront comprendre que, par ses racines qui s'enfoncent profondément dans le sol, cette plante épuise surtout les profondeurs du sol, et que, pour en obtenir annuellement des produits abondants pour en prolonger la durée, il est nécessaire de lui fournir d'autres engrais. Les engrais qui conviendront le mieux dans ce cas seront les fumiers bien consommés, les composts préparés avec des fumiers, des vases d'étangs ou de fossés, des engrais pulvérulents, en un mot, des engrais à un état tel que leurs principes immédiatement solubles puissent facilement être entraînés dans les profondeurs du sol. Ces fumiers, ces engrais devront être conduits l'hiver, sur les champs, et en alternant avec intelligence leur usage avec le plâtre, nos cultivateurs pourront augmenter les produits de leur luzerne et les faire durer plus longtemps.

Plantes nuisibles.

Les plantes qui peuvent nuire à la luzerne sont, comme pour le trèfle rouge, d'abord la cuscute, puis ensuite un champignon connu sous le nom de *rhizoctome*. Ce champignon qui apparaît sous forme de filets rougeâtres, attaque les racines de la luzerne et les fait périr. Aussi aperçoit-on quelquefois dans les champs de luzerne des places vides, des clairières, qui s'étendent progressivement. On parvient quelquefois à arrêter le mal en circonscrivant la partie détruite par une tranchée profonde ; mais si l'on échoue, on n'a pas d'autres ressources que de défricher la luzernière.

Animaux nuisibles.

Dans le Midi de la France, la luzerne est souvent ravagée par un insecte d'un noir luisant qu'on désigne vulgairement sous le nom de *barbotte*. Cet insecte, on le voit aussi dans nos contrées, mais en si petite quantité, qu'il ne fait que des ravages insignifiants. Il n'en est pas de même des larves du hanneton, qui produisent quelquefois des ravages fâcheux, au point que les touffes de la luzerne jaunissent par places ; le meilleur moyen de parer à ces accidents, c'est d'enlever les touffes et détruire les larves du hanneton.

Récolte et rendement.

La récolte de la luzerne se fait généralement lorsque la plante est en pleine fleur, et le nombre des coupes qu'on peut en obtenir varie entre trois ou quatre par an. La première coupe a généralement lieu dans le mois de mai, et c'est toujours cette coupe qui donne le produit le plus important. La luzerne, comme le trèfle, peut être utilisée, soit comme fourrage vert, soit comme fourrage sec. Comme fourrage vert, le cultivateur ne devra pas oublier qu'elle détermine très-bien la météorisation des animaux. Comme fourrage sec, le fanage de la luzerne demande des soins pour éviter la chute des feuilles qui forment la meilleure partie de ce fourrage.

Quant au rendement, nous pouvons dire que s'il est vrai qu'une luzerne ne donne pas beaucoup de produits la première et la seconde année, il n'en est pas de même pour les années suivantes. Bien que quelques considérations, telles que la profondeur, la fraîcheur, la fertilité naturelle du sol puissent faire varier les produits, on peut sans crainte d'erreur dire que dans nos climats, une luzernière en bon rapport peut donner annuellement, par ses diverses coupes, de 24 à 32,000 kilos de fourrage vert, représentant 6 à 8,000 kilos de fourrage sec.

Valeur nutritive.

La luzerne, soit verte, soit sèche, constitue un fourrage très-recherché, aussi bien par les bêtes à cornes que par les chevaux. Consommé en vert, en trop forte proportion, elle a l'inconvénient de communiquer au lait une odeur et une saveur désagréables, et surtout lorsqu'elle est couverte de rosée d'occasionner le météorisme. Mais à l'état sec elle constitue un fourrage plus nutritif que le bon foin de prairie ; car les praticiens admettent que 90 kilos de luzerne sèche ont autant de valeur nutritive que 100 kilos de bon foin de prairie.

Défrichement.

Dès qu'une luzerne présente de nombreuses clairières, dès qu'elle se laisse envahir par les brômes ou les graminées vivaces, il faut procéder à son défrichement, parce que les produits qu'elle donne ne tardent pas à baisser avec rapidité. Dès qu'un cultivateur pourra prévoir le moment où il devra défricher une luzerne, il fera bien, en homme prudent, pour ne pas manquer de fourrage, de détacher de son assolement régulier une nouvelle surface de terrain égale pour y créer une nouvelle luzerne.

Pour défricher une luzerne, on la rompt généralement par un labour profond de 15 à 20 centimètres. L'époque à laquelle on exécute ce travail varie suivant la récolte qu'on veut lui faire succéder. Si on la fait suivre par un blé d'hiver, le défrichement a lieu en automne. Si, au contraire, on lui fait succéder une avoine de printemps, le défrichement n'a lieu qu'en janvier ou en février. La faculté améliorante de cette culture est telle, qu'au moyen de ses débris annuels et de ses racines, l'expérience prouve qu'après le défrichement d'une bonne luzerne, on peut obtenir jusqu'à 60 et 70 hectolitres d'avoine de printemps. Ce qui n'empêche pas l'année suivante de tirer du même sol, sans addition d'aucun engrais, une récolte de 20 à 25 hectolitres de blé. Ainsi, non-seulement la luzerne fournit au cultivateur un bon fourrage ; mais elle lui en fournit une quantité telle, qu'il n'est pas de prairie artificielle qui puisse lui en donner autant. Si nous ajoutons encore que, de toutes les cultures fourragères, c'est celle qui améliore le mieux le sol, il n'en faudra pas davantage pour démontrer au praticien l'utilité de cette culture, toutes les fois que les circonstances lui permettront de l'établir sur son sol.

Maintenant il n'est pas sans intérêt de chercher ici à faire comprendre au cultivateur comment, après un défrichement de luzerne, il peut obtenir deux récoltes aussi bonnes, et cela sans engrais. Nous prendrons pour base un hectare de luzerne ayant duré six ans et ayant produit pendant ce laps de temps 30,000 kilos de fourrage sec, soit 5,000 kilos par an. Il résulte des observations de M. Heuzé qu'un pareil hectare de luzerne laisse après son défrichement 20,000 kilogrammes de racines et 3,000 kilogrammes de débris foliacés dans la couche arable. Or, l'analyse démontre que ces 20,000 kilogrammes de racines, contenant 1 % d'azote, représentent 200 kilogrammes d'azote, et que les 3,000 kilogrammes de débris foliacés représentent, d'après M. Isidore Pierre, 67 kilos d'azote. Les racines de la luzerne et ses débris foliacés laissent donc dans la couche arable 267 kilos d'azote, c'est-à-dire autant d'azote que 66,755 kilos de fumier. Ces chiffres représentent donc une fumure importante et permettront au praticien de comprendre comment il se fait qu'après un défrichement de luzerne, il obtient d'aussi bonnes récoltes sans engrais.

Avant d'en terminer avec ce sujet, quelques réflexions vont nous permettre d'expliquer aux cultivateurs pourquoi il leur est nécessaire de laisser passer un certain nombre d'années entre deux cultures de luzerne sur le même sol ; et aussi pourquoi l'expérience leur apprend tous les jours que la luzerne dans nos localités diminue en rendement et en durée. Toutes ces causes tiennent à la nature de la luzerne qui, par ses longues racines, enlève au sous-sol tous ses principes nutritifs disponibles. Mais l'on comprendra facilement que tous ces principes nutritifs que le temps a accumulé

dans les profondeurs du sol, ne peuvent s'y réinté-
grer que lentement, et alors une nouvelle culture
de luzerne ne peut trouver qu'après un temps assez
long un sous-sol suffisamment engraissé pour bien y
réussir. C'est certainement à cette cause que tiennent
aussi la diminution des produits et la durée de la
luzerne dans nos contrées.

Pour parer à cet inconvénient, que doit faire le
cultivateur? Ne jamais remettre sur le même champ
qu'après un temps très-long, une nouvelle luzerne,
et avoir bien soin de préparer le sous-sol de son
champ à la recevoir; en y apportant, quelques années auparavant, des fumiers bien consommés, des
engrais facilement solubles, afin que les eaux plu-
viales puissent, en entraînant les principes solubles
de ces engrais dans les profondeurs du sol, fournir aux nouvelles racines de cette plante fourragère
les éléments dont elle aura besoin pour se développer convenablement et durer longtemps sur le sol.

CHAPITRE X.

Culture du Sainfoin.

Le genre sainfoin comprend un très-grand nombre d'espèces, mais l'espèce la plus cultivée est celle que l'on désigne sous le nom de sainfoin commun, esparcette ou foin de Bourgogne.

Le sainfoin commun est une plante qui croît spontanément dans le Midi de la France, et qui offre au cultivateur, comme prairie artificielle, une culture des plus avantageuses. Cela est si vrai, que bien des pauvres localités lui doivent aujourd'hui leur prospérité agricole. Le sainfoin est encore une plante vivace, à racines pivotantes, qui, parce qu'elle améliore le sol et parce qu'elle donne un fourrage abondant, devient pour nos praticiens une ressource aussi importante que la culture du trèfle et de la luzerne. La culture du sainfoin l'emporte même sur ces·dernières plantes fourragères, parce qu'elle donne des produits satisfaisants, même sur les terrains où le printemps est disposé à la sécheresse, et c'est par ce moyen qu'il a servi à la prospérité agricole de certaines contrées, en donnant par son fourrage au cultivateur le moyen d'entretenir un certain nombre de bestiaux, de faire du fumier, d'améliorer les terres, et par cela même de développer une culture plus profitable.

Climat et Sol favorables.

S'il est vrai de dire que, pour la culture du sainfoin, le climat du Midi est préférable à celui du Nord, l'expérience de tous les jours nous apprend néanmoins que le sainfoin donne des produits avantageux dans des climats analogues à celui de nos localités.

Quant aux terres qui conviennent au sainfoin, il n'y a guère que les sols argileux compactes, les sols marécageux, en un mot, ceux qui retiennent toujours de l'humidité dans leurs couches inférieures qui ne peuvent lui convenir. Ces terres exceptées, le sainfoin peut donner des produits convenables sur les terres les plus sèches, pourvu qu'elles soient calcaires. Ajoutons qu'il aime tant les terres calcaires, qu'il donne même des produits avantageux sur les terres qui le sont complètement, à la condition pourtant que ces terres soient assez perméables pour permettre aux racines de cette plante de s'enfoncer librement dans le sol. On peut même aussi le cultiver sur les terres légères, siliceuses ou graveleuses, pourvu qu'elles soient calcaires et qu'on n'oublie pas de les plâtrer fortement.

De sa place dans la rotation.

Le sainfoin, comme la luzerne, ne fait jamais partie de l'assolement régulier établi à la ferme. Cela tient à ce qu'il a sur le même sol une durée assez longue, et aussi parce que le cultivateur a besoin de laisser écouler un certain temps entre chacune de ses apparitions sur la même terre.

Préparation du Sol.

Puisque le sainfoin a une racine qui s'enfonce assez profondément dans le sol, nous voyons de suite qu'il demande un sol profondément ameubli. Il est donc nécessaire de donner à la terre des labours profonds, en un mot, les mêmes soins d'ameublissement et de préparation que nous avons indiqués pour la culture de la luzerne.

Choix des Semences.

Nous avons toujours, jusqu'à ce jour, appelé l'attention du praticien sur le choix des graines qu'il destine à servir comme semences. Mais nous ne saurions trop insister ici sur ce point, parce que de toutes les graines de plantes fourragères, il n'en est pas qui, pour avoir une germination convenable, exige la réunion d'un plus grand nombre de circonstances. Il faut, en effet, pour que cette graine germe bien, qu'elle n'ait pas plus d'un an, et qu'elle soit bien mûre.

Aussi engagerons-nous d'abord les cultivateurs à faire tous leurs efforts pour récolter eux-mêmes leurs graines de sainfoin, ou à s'entourer de toutes les précautions possibles pour les avoir bonnes et bien conservées. Voici les caractères auxquels on peut reconnaître les bonnes graines de sainfoin. Leur couleur doit être grise avec reflets bleuâtres, ou bien encore brun luisant avec l'intérieur d'un beau vert. La graine de sainfoin qui serait terne serait échauffée. La graine d'un blanc pâle aurait été récoltée avant son entière maturité, et, dans ces deux états, elle ne présenterait pas les conditions les plus favorables à une bonne germination.

Ensemencement.

Après avoir fait choix de sa terre et lui avoir donné les labours nécessaires, le cultivateur peut semer sa graine de sainfoin pendant toute la belle saison ; car il réussira toujours, à moins qu'une sécheresse prolongée ne survienne après l'ensemencement. Mais, pour bien guider le praticien, nous examinerons les deux cas suivants, parce qu'ils sont possibles.

Ou le sainfoin sera semé seul dans une terre nue, ou bien on le placera dans une autre récolte. Dans le premier cas on peut le placer après une récolte de racines ou de pommes-de-terre; ou bien encore après avoir, à l'automne, bien préparé, bien ameubli sa terre, au moyen de bons labours, on la laisse dans cet état jusqu'au printemps. A cette époque on donne un coup de scarificateur pour détruire les herbes adventices, puis on répand la semence qu'on a soin de recouvrir par un léger hersage qu'on fait quelquefois suivre d'un roulage. Ce moyen est certainement le meilleur ; c'est celui qui donnera le plus abondant fourrage. Mais il a l'inconvénient de faire peser sur cette récolte une année de loyer sans produit, tandis que, semé dans une autre récolte, cette dernière paiera, par le produit qu'elle fournira, cette année de loyer. Mais lorsqu'on vient à considérer que le sainfoin durera plusieurs années, et que l'avance du loyer doit se répartir sur toutes les années que peut durer le sainfoin, on voit que cette avance devient insignifiante. Nous dirons même qu'elle sera largement couverte par le succès plus complet des récoltes qui se feront pendant le temps que le sainfoin doit durer.

Si on place le sainfoin dans une autre récolte, c'est généralement dans une céréale d'hiver ou de printemps : avoine ou orge. Si c'est dans une céréale d'hiver, après avoir préparé la terre par les labours, on donne un hersage énergique et on enterre la graine par un autre hersage ; si c'est dans une céréale de printemps, avoine ou orge, qu'on place le sainfoin, on donne au moins deux labours : l'un à l'automne, l'autre au printemps ; on sème la céréale et la graine de sainfoin, et on l'enterre au moyen d'un hersage.

La graine de sainfoin demande à être peu enterrée, mais pourtant il est nécessaire qu'elle le soit, sans quoi elle germerait difficilement. Or, il peut arriver qu'à cause de sa légèreté, les hersages ne suffisent pas toujours pour l'enterrer complètement. Afin de parer à cet inconvénient, voici le moyen qu'emploient certains praticiens : ils font tremper leurs graines de semence pendant vingt-quatre heures, dans l'eau, puis ils les jettent sur une toile pour les faire égoutter ; les graines, imbibées d'eau, acquièrent un certain volume qui augmente encore en les roulant dans de la terre sèche et en poudre fine, jusqu'à ce qu'elles n'adhèrent plus entre elles. A l'aide de ce prâlinage, les graines obtiennent tout à la fois plus de poids et plus de volume, et alors la herse peut les enterrer plus facilement.

6.

Quantité de Semences.

Si le cultivateur veut avoir une bonne prairie de
sainfoin, bien garnie, qui ne soit pas accessible
aux plantes nuisibles, il devra semer dru ; pour obtenir ce résultat, il faut répandre 4 à 5 hectolitres
de semences par hectare, et encore faut-il être sûr
de sa semence, sans quoi il serait prudent d'élever
le chiffre jusqu'à 6 hectolitres. Or, comme un hectolitre pèse en moyenne 30 kilos, c'est en moyenne
120 à 150 kilos de graines qui sont nécessaires pour
couvrir convenablement un hectare de terre.

Soins d'entretien et engrais.

Le sainfoin devant rester quelques années sur le
même sol, et l'amélioration qu'il fournira à ce sol
étant proportionnée au temps qu'il pourra y rester,
il est donc de l'intérêt du cultivateur de le conserver le plus longtemps possible, pour cela il lui faut
quelques soins et une application d'engrais.

Les soins qu'il réclame sont des plus simples et
consistent dans l'emploi des moyens qui peuvent
s'opposer à l'envahissement des mauvaises herbes.
Pour obtenir ce résultat, il faudra tous les ans, au
au printemps, pratiquer sur les prairies de sainfoin
un bon hersage, mais on ne devra commencer qu'à
partir de la deuxième année de son ensemencement.

Quant aux engrais qui sont le plus avantageux pour cette culture, nous devons en première ligne placer le plâtre. Le premier plâtrage qui sera donné à cette culture aura lieu au printemps de la seconde année de son ensemencement, et la même opération se renouvellera tous les ans. Quant aux autres engrais qui peuvent être utiles au sainfoin, ce sont les cendres, les charrées, la suie, et ces engrais devront être appliqués à la fin de l'hiver, à dater de la troisième année de son ensemencement.

Récolte.

Quoique le sainfoin forme de bons pâturages, néanmoins c'est généralement comme fourrage fauché et fané qu'on l'utilise à la ferme.

A l'automne de la première année de son développement, il peut déjà donner une coupe qui n'est pas très-importante. Du reste, nos praticiens trouveraient même avantage à négliger, la première année, le fourrage que peut leur fournir le sainfoin. Car cette plante, la première année, n'acquiert pas une grande hauteur, et l'expérience nous apprend que si le collet de la racine est attaqué, soit par la faux ou la dent des animaux, elle est exposée à périr. Mais les autres années, c'est bien différent, le sainfoin peut donner deux coupes. La première, qui est la plus importante, doit avoir lieu quand la plante est en pleine fleur.

La seconde coupe, qui équivaut à peine au quart
de la première, a lieu vers la fin de l'été ou au commencement de l'automne. Cette seconde coupe consiste le plus ordinairement en un regain qu'il est
plus souvent avantageux de faire pâturer que faucher. Mais ce regain, si on le destine à le faire pâturer, doit être réservé aux chevaux et aux vaches ;
il faut en exclure les moutons, parce qu'ils rongent
la plante jusqu'au collet de la racine et qu'ils pourraient concourir à la détérioration de la prairie, et
en abréger la durée.

Le sainfoin fauché, on procède au fanage, opération qui, si elle réclame un peu de soin, est beaucoup plus facile que pour le trèfle et la luzerne :
car le sainfoin, contenant beaucoup moins d'eau,
est beaucoup plus facile à dessécher. Cependant,
comme ses feuilles se détachent facilement de la
tige, il faut avoir soin de le botteler avant son entière dessiccation.

Durée du Sainfoin.

La durée d'une prairie de sainfoin varie entre
trois ans et sept ans. Les cultivateurs comprendront
très-bien que son existence puisse varier ; car elle
est subordonnée à la fertilité naturelle des couches
où peuvent s'enfoncer les racines, et aussi aux soins
et aux engrais qu'on voudra lui fournir. N'oublions
pas que nous avons intérêt à prolonger l'existence

de cette prairie, puisque plus elle durera, plus elle améliorera le sol; néanmoins, dès que les mauvaises herbes commenceront à envahir la prairie ; dès que les produits commenceront à diminuer d'une manière notable, on ne devra pas hésiter à la défricher. Ajoutons ici, comme avertissement, que par cela seul que les racines de cette plante pénètrent assez avant dans le sol, qu'elles épuisent, comme la luzerne, le milieu dans lequel elles s'enfoncent, on ne devra faire reparaître cette culture sur le même sol, qu'après un temps assez long ; temps pendant lequel les engrais apportés pour les autres cultures, pénétrant dans les couches inférieures du sol, pourront réparer les pertes qu'aura occasionnées la culture du sainfoin ; en un mot, apporter aux couches inférieures du sol les éléments nécessaires à la prospérité d'une nouvelle culture.

Rendement.

La quantité de fourrage que peut fournir le sainfoin est insignifiante la première année, mais elle s'accroît les années suivantes. Quoique bien des circonstances puissent faire varier le rendement du sainfoin, nous approcherons de la vérité en disant que la première année un bon sainfoin donne 1,500 kilos de fourrage fané et que la moyenne du rendement s'élève ensuite à 4 ou 5,000 kilos par an.

Si en général le produit en fourrage du sainfoin
est moins élevé que celui du trèfle et de la luzerne,
consommé en vert, il a sur le trèfle et la luzerne
l'avantage de ne pas exposer les animaux aux accidents de la météorisation. Le sainfoin l'emporte
encore sur la luzerne comme fourrage vert, parce
qu'il a plus de qualité. En un mot, soit comme
fourrage vert ou comme fourrage sec, le sainfoin
est un fourrage très-recherché par tous les animaux
de la ferme.

Si les diverses plantes fourragères que nous venons d'étudier sont généralement cultivées à la
ferme isolément, parfois nous voyons les cultivateurs les associer ensemble.

Nous avons donc à jeter maintenant un coup-
d'œil sur les avantages que peuvent donner ces
mélanges. Au point de vue de la nourriture des
animaux, les plantes fourragères mêlées leur fournissent une alimentation plus variée et plus
agréable, mais les cultivateurs, pour pouvoir tenter ces mélanges avec succès, doivent ne pas oublier, avant tout, que le terrain qu'ils vont choisir
devra également convenir à chacune des espèces
qu'ils voudront associer. Les mélanges qu'on fait le
plus ordinairement à la ferme sont les suivants :

Sainfoin et trèfle rouge.

Luzerne et trèfle rouge.

Luzerne et sainfoin.

Le *sainfoin associé au trèfle* a, sur le sainfoin

cultivé isolément, l'avantage que la seconde année, au moyen du trèfle, on obtient de la prairie le maximum de produit qu'elle peut donner, mais il y a un inconvénient, c'est que le trèfle disparaîtra à la troisième ou quatrième année au plus tard, laissera des vides nombreux qui diminueront considérablement le rendement en produit de la prairie, qui ne tardera pas à être envahie par des plantes nuisibles. Un pareil mélange ne devient donc avantageux que dans le cas où le sainfoin serait placé sur des terres où il ne pourrait durer que trois ou quatre ans.

Luzerne et trèfle rouge. — Ce mélange, s'il présente les mêmes avantages que plus haut, a aussi les mêmes inconvénients ; le trèfle, plus vigoureux à son début que la luzerne, en étouffe une partie, et en disparaissant plus vite, laisse encore des vides considérables. Ce mélange ne devient donc réellement avantageux que sur les terres où la luzerne ne serait que de courte durée.

Luzerne et sainfoin. — Ce dernier mélange est un des plus avantageux, surtout s'il a lieu sur un sol où la luzerne n'aura qu'une courte durée, parce qu'alors le sainfoin, dont la durée est toujours plus courte que celle de la luzerne, a chance de persister pendant toute la durée de cette dernière. Mais n'oublions pas que, cultivés isolément ou même mélangés, les trèfles, luzernes, sainfoins ne peuvent reparaître sur le même sol qu'après un temps assez long et variable pour chacune de ces cultures.

Ici se termine l'étude des plantes fourragères véritablement améliorantes ; nos cultivateurs devront maintenant comprendre que l'extension de leur culture à la ferme est bien la cause de tout progrès agricole. Tout ici s'enchaîne : outre le précieux avantage d'augmenter la fécondité du sol qui les porte, de permettre au cultivateur d'obtenir sur le même sol de bonnes récoltes sans engrais, les trèfles, les luzernes, les sainfoins, en condensant au profit de leur développement les éléments de l'air, deviennent d'abord des fourrages agréables et nourrissants ; ces fourrages, à leur tour, en permettant au cultivateur l'élève et l'entretien d'un nombreux bétail, sont déjà pour lui une nouvelle source de bénéfices par les produits qu'il donne. Mais il y a plus, c'est que les matières fourragères qui échappent à la digestion, rejetées par les animaux, absorbées par les litières, concourent à la production des fumiers, c'est-à-dire de l'engrais le plus utile à la ferme. Ce fumier, répandu plus tard sur toutes les terres de la ferme, contribue puissamment à les féconder et à augmenter leur fertilité première. C'est ainsi que la culture des prairies artificielles devient la source de toute prospérité agricole.

Mais, en dehors de ces cultures, il est bien d'autres espèces fourragères dont la culture, tout en ayant moins d'importance, n'en peut pas moins rendre au cultivateur d'éminents services. S'il est vrai qu'il est souvent assez difficile de faire entrer la culture de ces plantes fourragères dans l'assolement régulier établi à la ferme, nous allons néanmoins voir que, comme récoltes accessoires, elles pourront suppléer aux trèfles, aux luzernes, aux sainfoins, dans les moments qui séparent les coupes de ces plantes fourragères, ou bien encore lorsqu'elles n'auront pas réussi. L'intelligence du praticien consiste donc tout simplement à faire varier leur ensemencement pour obtenir à son gré du fourrage quand il en aura besoin.

CHAPITRE XI.

Culture des petits fourrages.

Nous avons terminé, quant à présent, l'étude de la culture des plantes fourragères qu'on désigne sous le nom de grands fourrages; par opposition l'on appelle à la ferme petits fourrages les autres plantes fourragères, dont la culture quelquefois nécessaire est le plus ordinairement supplémentaire. Les plantes qui peuvent remplir ce but et qu'on cultive ou qu'on pourrait cultiver dans nos localités, sont les vesces, les pois gris, les fèves, l'ajonc, la minette, la moutarde, le maïs, le ray-grass et le brôme Schrader. Si la culture de ces fourrages est moins importante, si leur étude présente moins d'intérêt, néanmoins nous tâcherons de prouver, dans certains cas, la nécessité de leur culture, mais toujours leur utilité.

Partant de ce principe, qu'il n'est pas d'agriculture possible sans fumier, et qu'il n'est pas de fumier possible sans bétail, nous constatons de suite
à la ferme la nécessité d'une culture fourragère
quelconque. Or, dans les fermes où la nature des
terres s'oppose à la prospérité des grands fourrages,
il y a nécessité de chercher à en développer d'autres ; mais même dans les fermes où les trèfles, luzernes et sainfoins viennent bien, la culture des
petits fourrages devient utile, parce que, bien dirigée, elle permet au cultivateur d'avoir du fourrage
vert presque pendant toute l'année. Les fourrages
verts sont toujours préférés par les animaux aux
fourrages fanés. Car, de même que nous préférons
les fruits naturels aux fruits conservés, de même
l'animal préfère le fourrage vert au fourrage sec.

Nous voyons donc l'intérêt du cultivateur à multiplier et à varier ses fourrages ; car, non-seulement
de la variété dans les fourrages résulte pour le bétail une alimentation plus agréable et plus salubre,
mais aussi elle lui offre le moyen d'avoir le plus
longtemps possible du fourrage vert. C'est dans ce
but que nous examinerons la culture de l'ajonc ;
c'est aussi dans ce but qu'on cherche de nos jours
à propager à la ferme la culture du brôme Schrader.

Culture de la Vesce.

On peut cultiver pour leurs fourrages et souvent
aussi pour leurs graines, quatre espèces de vesces :

1° la vesce d'hiver et sa variété de printemps; 2° la vesce blanche ou lentille du Canada ; 3° la vesce gros fruit ; 4° la vesce velue. Mais généralement on ne cultive guère dans nos localités que la vesce d'hiver'ou vesce commune et la vesce de printemps, plantes annuelles pouvant également fournir un bon fourrage, soit vert, soit sec. Mais ces deux plantes, par leur nature (le cultivateur ne doit pas l'ignorer) ne s'accommodent pas également des mêmes terrains pour réussir et prospérer.

Vesce d'hiver. — Sols propres à cette culture.

L'expérience nous ayant appris que la vesce d'hiver redoute l'humidité, nous voyons de suite que, pour cette culture, le praticien doit faire choix plutôt de terres légères, à sous-sol perméable, que de terres argileuses, compactes, à sous-sol imperméable, en un mot, de terres qui s'égouttent facilement.

Préparation du Sol.

C'est généralement après une céréale que l'on fait une vesce d'hiver. Pour rendre le sol propre à la recevoir après l'enlèvement de la céréale, on donne un labour que l'on fait suivre d'un hersage énergique, puis, quelque temps avant de semer la vesce, on donne un nouveau labour. En outre de ces travaux préparatoires, la terre doit recevoir une bonne fumure, si l'on ne veut pas s'exposer à perdre les bénéfices d'une bonne récolte. Pour ne pas compromettre une récolte de vesce, il faudrait que la terre possédât un bon fonds de fertilité, ou qu'elle eût conservé un reliquat des fumures faites pour les récoltes précédentes ; car, selon M. Heuzé, une terre qui ne contiendrait aucun reliquat des fumures antérieures, et qui pourrait par sa propre fertilité fournir 4,000 kilos de foin, devrait recevoir, pour rendre une bonne récolte de vesce, 12,000 kilos de fumier par hectare.

Époque des Semailles.

On sème généralement les vesces d'hiver, en octobre et en novembre ; mais si nous réfléchissons que, lorsque les vesces ont un peu grandi avant l'hiver, elles résistent mieux aux gelées, nous pourrons engager nos praticiens à avancer l'époque de leur ensemencement, surtout lorsqu'il aura lieu sur des terres argileuses froides et humides.

Les vesces, semées vers la fin de septembre ou au commencement d'octobre, ayant acquis plus de développement, seront moins exposées à périr par les gelées et les dégels.

Quantité de Semences à répandre.

La quantité de semence de vesces à répandre est de 2 hectolitres 1/2 à 3 hectolitres par hectare, lorsqu'on les répand seules ; mais souvent les cultivateurs ont soin d'y associer de l'avoine d'hiver ou de l'escourgeon ; au moyen de l'association de ces cultures, ils s'opposent à la verse de la vesce qui a souvent lieu sur une terre fertile. La proportion de céréales ajoutée est seulement de 20 %, si le sol est fertile ; mais peut s'élever jusqu'à 50 %, si la terre est moins fertile et qu'on ait à redouter les gelées ou la sécheresse.

Les semences répandues, il faut prendre soin de bien les enterrer pour les soustraire aux pigeons ramiers et aux tourterelles. Pour cela on donne un hersage et même un coup de rouleau. Si les vesces sont dans une bonne terre, leur rapide développement étouffe les mauvaises herbes ; elles ne demandent donc pas grand soin d'entretien, mais néanmoins les vesces d'hiver, l'expérience nous le prouve, reçoivent avec avantage les bénéfices d'un plâtrage fait au printemps qui suit leur développement.

Avant de nous occuper de la récolte et de l'emploi de la vesce d'hiver, nous jetterons un coup-d'œil sur la culture de la vesce de printemps.

Vesce de printemps. — Terres propres à cette culture.

Nous avons vu que la vesce d'hiver redoute les terres fortes et humides ; la vesce de printemps, au contraire, aime les terres un peu argileuses qui pourront toujours retenir une certaine fraîcheur pendant les sécheresses de l'été. Il résulte de ceci que dans les fermes de nos localités, partout où les terres sèches ne sont pas dominantes, la culture des vesces printanières est avantageuse ; parce qu'elle permet au cultivateur de suppléer aux trèfles et aux vesces d'hiver, qui n'ont pas réussi, en lui donnant le moyen de fournir à son bétail à l'étable du fourrage vert, depuis le mois de juin jusqu'au mois de septembre.

Préparation du Sol.

La vesce de printemps demande un sol bien ameubli par les labours et les hersages, bien débarrassé des mauvaises herbes, réclamant en outre une fumure convenable, à moins qu'il ne contienne un vieux fonds de fertilité.

Époque de l'ensemencement.

Les vesces printanières se sèment en mars et en avril. Les semis faits en mars ont souvent à redouter l'influence des gelées tardives. Le cultivateur a donc intérêt à retarder l'époque de ses semailles jusqu'au mois d'avril. A partir de cette époque jusqu'en juillet, on peut semer de trois semaines en trois semaines les vesces de printemps. En agissant ainsi, le cultivateur y trouve l'avantage de se procurer pour quelque temps de bons fourrages verts.

Quantité de Semences à répandre.

Si la vesce printanière est semée seule, il faut environ 2 hectolitres de graine par hectare ; mais, comme le plus souvent, on lui associe une céréale, particulièrement de l'avoine, on diminue alors la quantité de graines de vesce qu'on remplace par autant d'avoine. Ainsi, on emploie 150 litres de vesce et 50 litres d'avoine, comme semence d'un hectare de terre.

Soins dus à cette culture.

La vesce ne réclame aucun soin, mais les cultivateurs ne devront pas oublier qu'elle se trouve bien d'un plâtrage donné lorsque ses feuilles garnissent bien le sol.

Récolte et rendement des Vesces d'hiver et de printemps.

Les vesces peuvent être utilisées à la ferme, soit comme fourrage vert, soit comme fourrage sec. Si on les destine à faire du fourrage vert, on doit les faucher en pleine fleur, ce qui a lieu pour les vesces d'hiver, entre la fin de mai et la première quinzaine de juin, et pour les vesces de printemps, environ quatre mois après leur ensemencement. Si les vesces sont destinées à faire du fourrage sec, on les fauche lorsque les gousses sont bien formées et commencent à grossir, époque à laquelle les tiges perdent leur couleur verte et commencent à jaunir. Le fanage des vesces exige autant de soin que celui des fourrages propres aux prairies artificielles, car les feuilles se détachent facilement et représentent autant de valeur nutritive perdue. Si on cultive les vesces dans le but d'en obtenir la graine, on ne doit les faucher que lorsque les premières gousses ont atteint leur entière maturité.

Le rendement d'un hectare de vesces est en moyenne de 3 à 5,000 kilos de fourrage sec par hectare, et on estime comme produit moyen en graines, 15 hectolitres représentant à peu près 1,200 kilos.

Emploi des Vesces.

Comme fourrage vert ou sec, les vesces conviennent à tous les animaux de la ferme. Les praticiens s'accordent à considérer la vesce en vert comme aussi nutritive que le trèfle et la luzerne. Si le fanage des vesces s'est effectué dans de bonnes conditions, à l'état de fourrage sec, elles sont presque

7

aussi nutritives que le bon foin des prairies naturelles.

Néanmoins on prétend que la vesce est moins propre à la production du lait que le trèfle, mais qu'elle est beaucoup plus convenable pour l'entretien de la force. Aussi on la regarde comme une excellente nourriture pour les chevaux.

Quant aux graines de vesce, comme elles sont très-riches en principes azotés, elles sont très-nutritives. Les praticiens considèrent que 55 kilos de graines de vesce ont autant de valeur nutritive que 100 kilos de bon foin fané. Aussi nous voyons que certains cultivateurs s'en servent pour remplacer l'avoine dans la nourriture de leurs chevaux ; mais, dans ce cas, il ne faut pas oublier que le volume des semences de vesce qu'il faudra donner ne doit pas être le même que celui de l'avoine, car les semences de vesce ont un poids presque double de celui de l'avoine. Dans certaines localités on mélange aussi les vesces au sarrasin pour nourrir les chevaux de travail. L'expérience prouve que, sous l'influence d'un pareil régime, les chevaux conservent un état de santé très-favorable. Enfin, les graines de vesce sont la nourriture de prédilection des pigeons ; mais on doit les donner avec prudence aux autres oiseaux de basse-cour, parce qu'elles leur occasionnent souvent des accidents.

Des Vesces comme plantes améliorantes.

Le cultivateur peut-il considérer la culture des vesces comme culture améliorante ? Évidemment non ! car s'il veut se rappeler les caractères que nous avons donnés, comme propres aux plantes améliorantes, il verra facilement qu'elles ne les possèdent pas. Si les vesces laissent parfois le sol dans un certain état de fertilité, c'est lorsqu'elles sont fauchées comme fourrage vert; car alors elles n'ont point eu le temps d'épuiser la fumure qu'on leur a donnée, et leurs faibles racines, leurs faibles débris, profiteront à d'autres cultures. Mais lorsque les vesces sont fauchées pour faire du fourrage sec ou pour la récolte des graines, elles perdent tout-à-fait les propriétés d'une culture améliorante; car elles épuisent le sol pour la formation de ces graines.

Les cultivateurs ne devront donc pas considérer la culture des vesces comme une culture améliorante, mais bien comme un moyen de se procurer des fourrages supplémentaires. Les vesces d'hiver offrent, en outre, après leur enlèvement, le moyen de faire à leur place d'autres fourrages à croissance rapide, tels que : navets, maïs et rutabagas repiqués.

Animaux nuisibles.

Les animaux qui nuisent d'abord à cette culture sont les pigeons ramiers qui, très-friands de cette semence, s'abattent par bandes nombreuses sur les champs qui en sont ensemencés ; pour remédier à cet inconvénient, le cultivateur n'a qu'à prendre le plus grand soin d'enterrer convenablement ses semences.

Mais lorsque les vesces sont développées, elles sont souvent ravagées par des insectes connus sous le nom de *bêtes du bon Dieu* ou par les pucerons. Les premiers de ces insectes, en s'attachant aux sommités de cette plante, nuisent à sa floraison. Les pucerons, parfois très-nombreux, rendent le fourrage détestable pour les animaux. Pour remédier à ces deux accidents, il n'y a qu'un moyen extrême à prendre, celui de faucher la récolte et de la faire faner.

Pois gris.

Les pois gris, qu'on désigne aussi sous le nom de pois des champs, ou pois de pigeon, sont encore des plantes annuelles qui, soit comme fourrage vert ou sec, soit même par leurs graines, peuvent être utilisées à la ferme pour la nourriture du bétail.

On connaît plusieurs variétés de cette plante ; mais les plus cultivées sont les pois gris d'hiver et les pois gris de printemps. Les terres qui conviennent le mieux à ces cultures sont, sous les climats humides, les terres légères, et sous les climats secs, les terres qui ont un peu de consistance, comme les terres argilo-siliceuses, calcaires, ou bien les terres à blé.

Nous voyons donc que la culture de ces plantes fourragères préfère les terres humides aux terres sèches. Elle est, en effet, beaucoup plus sensible aux fortes chaleurs que les vesces. L'expérience nous apprend néanmoins que les pois gris d'hiver donnent de bons produits dans les terres sèches et graveleuses.

La culture des pois gris présente beaucoup d'analogie avec la culture des vesces. Ils demandent, en effet, les mêmes préparations de sol et réclament aussi les avantages d'une fumure, surtout si on leur fait succéder une céréale. Les pois gris d'hiver se sèment à la volée en septembre et en octobre ; les pois gris de printemps peuvent être semés de quinze en vingt jours, depuis les premiers jours de mars jusqu'à la mi-juin. Si les pois gris d'hiver sont semés seuls, il en faut 250 litres par hectare, soit 2 hectolitres 1/2 ; 2 hectolitres suffisent pour les pois gris de printemps. Mais assez souvent on leur associe une céréale, seigle ou avoine, dans les mêmes proportions que nous avons indiquées pour les vesces.

L'ensemencement opéré, on doit veiller à ce que les graines soient bien enterrées au moyen du hersage ; les sols pierreux ou graveleux demandent même un léger roulage, qui rend plus tard le fauchage de la récolte plus facile.

Les pois gris d'hiver fleurissent en mai et en juin, ceux de printemps en juillet et en août. Lorsqu'on les destine à servir de fourrage, soit vert ou sec, on les fauche lorsqu'ils sont défleuris et que les gousses sont formées. Récoltés pour leurs graines, on attend leur maturité et on a soin de les faucher le matin ou le soir, parce que la chaleur du jour ferait ouvrir leurs cosses, qui laissent alors perdre leurs graines.

Rendement.

Le rendement des pois gris est généralement plus élevé que celui que fournit les vesces. Comme moyenne, on peut compter par hectare de 4,000 à 4,500 kilos de fanes sèches, et de 15 à 25 hectolitres de graines.

Comme fourrage vert ou sec, les pois gris sont très-recherchés par les bêtes à cornes, et leur valeur nutritive, consacrée par la pratique, est telle, que 153 kilos de fanes sèches de pois gris équivalent à 100 kilos de bon foin de prairies. Les graines de cette plante fourragère peuvent servir à l'alimentation des chevaux. On prétend même qu'elles sont plus nourrissantes que l'avoine. Leur équivalent nutritif est tel, que 44 kilos de graines de pois gris sont aussi nourrissants que 100 kilos de bon foin.

Culture des Fèves.

La fève, comme plante fourragère, est très-en faveur en Angleterre ; mais il n'en est pas de même en France. Cela tient sans doute à ce que les cultivateurs ne connaissent pas les avantages qu'ils pourraient retirer de cette culture sur les terres fortes et argileuses. Voici, du reste, comment s'exprime, au sujet de la culture des fèves, l'illustre agronome Arthur Young :

« On ne connaît pas tout ce que peuvent produire les terrains argileux quand on n'a pas cultivé les fèves, autant qu'il est possible, et l'on peut juger du degré de lumière et de l'habileté d'un cultivateur, par l'extension qu'il a donnée dans son domaine à la culture de cette légumineuse. »

En-dehors de cette appréciation, nous voyons que tous les agronomes s'accordent à dire que la culture des fèves est la plus profitable qu'on puisse obtenir sur les terres argileuses lourdes et compactes. Telles sont d'abord les natures du sol qui conviennent le mieux à cette culture. On distingue plusieurs variétés de fèves, mais celle qui pourrait le mieux convenir aux terres fortes des fermes de nos localités, est désignée sous le nom de fève-role de printemps. C'est donc de la culture de cette plante annuelle que nous allons nous occuper ici.

Préparation du Sol pour la Fèverole.

La racine de la fèverole étant pivotante et peu volumineuse, après avoir fait choix d'un sol argileux qui convienne à sa culture, il faut avoir soin de l'ameublir par de bons labours, pour permettre à la racine de s'enfoncer à son aise. Si la terre n'est pas foncièrement riche, on doit faire précéder l'ensemencement par une bonne fumure. Les bons cultivateurs qui se sont occupés sérieusement de cette culture vous disent que, lorsqu'elle est faite dans le but d'en obtenir les graines, c'est une des meilleures préparations à donner aux terres fortes et argileuses pour la culture du froment. On donne du fumier à la culture de la fèverole, et il produira d'autant plus d'effet qu'il sera frais et pailleux, car alors il remplit un double rôle, celui d'engrais et d'amendement.

Ensemencement.

Les graines de fèverole se sèment généralement à la fin de février ou au commencement de mars. L'ensemencement a lieu de six manières différentes, suivant le parti qu'on veut tirer de la récolte. Cultivée comme fourrage vert, on la sème à la volée, et le plus souvent on a soin d'y associer d'autres semences fourragères, telles que : vesce, pois gris, avoine, seigle ou maïs; on obtient par ce moyen un fourrage mixte qui est désigné par nos praticiens sous le nom de *dragées*.

L'ensemencement à la volée est celui qu'on doit préférer, toutes les fois qu'on cultivera cette plante pour en obtenir, après la floraison, une récolte de fourrage. Et il faut 2 à 3 hectolitres de semence par hectare. Si, au contraire, on cultive la fèverole pour en obtenir la graine, on sème sous raies et en lignes, en plaçant trois ou quatre graines par décimètre. Ce dernier moyen est préférable, car il économise la semence et rend plus faciles les soins d'entretien que réclame cette culture.

Soins à donner à la culture des Fèves.

Lorsque les fèves sont cultivées pour leur fourrage, surtout lorsqu'elles sont associées à d'autres plantes fourragères, elles ne réclament aucun soin d'entretien. Mais si les semis ont été faits en lignes, dès que les fèves sont bien levées, un hersage vigoureux est d'abord nécessaire. Puis ensuite viennent les binages, qui doivent être répétés tous les quinze ou vingt jours, jusqu'à l'approche de la floraison. Si ces soins sont coûteux, ils sont aussi très-productifs ; car ils augmentent d'abord la récolte des fèves. De plus, en nettoyant la terre et en détruisant les mauvaises herbes, ils donnent à cette terre toutes les conditions les plus favorables, pour assurer la récolte de la céréale qui doit succéder à

7.

cette culture. A l'époque de la floraison, quelques cultivateurs ont le soin de couper le sommet des tiges. Par ce moyen ils facilitent le développement des gousses et détruisent les pucerons qui se fixent sur la partie supérieure de cette plante et se répandent ensuite sur toutes les autres parties.

CHAPITRE XII.

Culture des Fèves (*Suite*.) – Récolte et rendement.

Si le cultivateur destine sa récolte de fèves à lui servir de fourrage vert, il devra la faucher en pleine fleur ; à cet effet, il coupera chaque jour la quantité qu'il a l'intention de donner à ses animaux. Si la surface cultivée dépasse ses besoins, il pourra en faire du fourrage sec ou bien attendre la maturité des graines pour les récolter.

Si, au contraire, on destine les fèves à faire du fourrage sec qui constitue une des meilleures nourritures d'hiver, pour les chevaux et les moutons, on attend pour les faucher que les gousses soient bien formées.

Enfin, cultivées dans le but d'en obtenir la graine, on attend alors pour les faucher que les graines soient mûres, ce qu'on reconnait à la coloration noire que prennent les gousses.

Les fèves, fauchées pour servir de fourrage sec doivent naturellement être desséchées ; mais il faut avouer que leur fanage est difficile, parce qu'elles contiennent beaucoup d'eau. Il est pourtant important qu'elles soient rentrées bien sèches ; car dans d'autres conditions elles s'altèrent facilement, et le fourrage qu'elles présentent devient tellement mauvais, qu'il n'est plus propre qu'à faire de la litière.

Quant au rendement que donnent les fèves, il est difficile de l'établir comme fourrage vert, parce que le plus souvent on leur associe d'autres cultures ; mais, cultivées pour leurs graines, elles donnent en moyenne 20 hectolitres de graines par hectare, et comme l'hectolitre de fèves pèse 80 kilos, c'est donc à peu près 1,600 kilos de graines par hectare. Mais comme la paille pèse autant que la graine, nous pouvons porter le produit d'un hectare de fèves en paille et en graines à 3,200 kilos.

La valeur nutritive des fèves, en tant que fourrage vert, est regardée comme supérieure aux vesces et aux pois gris ; mais la valeur nutritive des graines est très-élevée, et les praticiens admettent que 46 kilos de graines de fèves peuvent remplacer, dans l'alimentation des animaux, 100 kilos de bon foin fané. Les graines de fèves peuvent très-bien être utilisées à la ferme pour la nourriture des chevaux et des autres animaux ; seulement, comme elles sont très-dures, pour profiter de toute leur valeur

nutritive, il faut prendre la précaution, avant de
les distribuer aux animaux, de les faire macérer
dans l'eau pour les amollir, ou bien on les fait cuire.
Si l'on veut les faire servir à la nourriture des chevaux, il faut avoir soin de les mélanger à de l'avoine
ou d'autres graines.

Les fèves conviennent aussi à la nourriture des
vaches laitières, et comme elles contiennent beaucoup de matières grasses, elles pourront très-bien
servir à l'engraissement des porcs.

Enfin, M. Gaujac, qui s'est spécialement occupé
de la valeur alimentaire des fèves, engage les praticiens à faire entrer leur farine dans la nourriture
des jeunes veaux, et cela dans le but d'économiser
une grande partie du lait de la mère. Lorsque les
veaux, dit-il, ont tété pendant une douzaine de
jours, on ne leur donne plus qu'une partie de lait
mêlée avec trois parties de farine de fèves délayées
dans 2 à 3 litres d'eau. Cette boisson, qu'on leur
distribue trois fois par jour, à des doses convenables, leur procure une excellente nourriture et les
engraisse suffisamment pour pouvoir être livrés
six semaines après au boucher.

Il est facile de voir que, par cette méthode, l'engraissement du veau coûte très-bon marché, et si
la viande qu'il peut fournir à la consommation est
aussi tendre et aussi savoureuse que celle des veaux
nourris avec le lait de leurs mères, les cultivateurs
qui ont la facilité de vendre leur lait feront bien

d'en prendre bonne note, car ils y trouveront certainement un bénéfice réel.

Outre les avantages que nous venons de signaler,
les fèvres enfouies dans le sol, à leur floraison, peuvent être utilisées comme fumure verte.

Dans le Bolonais, où l'on se livre à la culture du
chanvre, on a soin de toujours faire précéder l'ensemencement de cette plante textile par un enfouissement de récoltes en vert. L'expérience nous a
appris les avantages de cette fumure verte, donnée
à la culture de cette plante ; car tout le monde sait
que le chanvre de Bologne n'a pas d'égal. Quoique
la culture des fèves soit peu usitée dans nos contrées, elle mériterait pourtant de fixer l'attention
de nos cultivateurs ; car elle est, pour les terres
argileuses qu'on destine à la culture du blé, le
meilleur moyen de préparer le sol à recevoir cette
culture. Voici la composition des graines de fèves :

Composition des graines de Fèves.

Eau.............................	12 50
Substances amylacées et sucrées.....	47 70
Substances albumineuses..........	31 90
Substances grasses...............	2 00
Sels, phosphates et alcalins........	3 00
Parties ligneuses.	2 90
	100 00

De l'Ajonc ou Genêt épineux.

L'ajonc ou genêt épineux est un petit arbrisseau qui atteint souvent la hauteur de 2 mètres et qui peut durer douze à quinze ans sur les terres argilo-siliceuses, et six à sept ans même sur les terres les plus stériles. L'ajonc est la plante fourragère providentielle des contrées agricoles pauvres et infertiles. Car, non-seulement il peut se développer sur les terres où tout fourrage refuse de venir; non-seulement il améliore les terres stériles qui le portent, mais il peut encore fournir annuellement par ses jeunes pousses un fourrage vert et abondant, nutritif et très-recherché par les animaux. Cultivé comme fourrage vert, en Angleterre et en France, sur les mauvaises terres de l'Ouest, nous le voyons, par cela seul qu'il se développe bien partout, cultivé dans d'autres localités pour former des haies protectrices; et lorsqu'avec les années ses tiges sont devenues ligneuses, il sert à la confection de bourrées très-propres au chauffage des fours de nos fermes. Une qualité précieuse de cette plante est de n'exiger presque aucuns frais de culture, et de donner pendant les froids de l'hiver un fourrage vert, justement recherché par les animaux, puisqu'à cette époque il est impossible au cultivateur de pouvoir leur fournir d'autres fourrages verts.

Malgré les avantages incontestables que nous venons d'assigner à cette plante, sa culture n'existe pas en fait dans nos localités. Cependant elle serait surtout une précieuse ressource pour les nombreuses terres épuisées de la Sologne ; en donnant au cultivateur un abondant fourrage peu coûteux à produire, elle lui permettrait l'entretien d'un plus nombreux bétail, source, nous le savons maintenant, de toute prospérité agricole ! Les deux causes suivantes nous paraissent seules expliquer l'absence de la culture de l'ajonc sur les mauvaises terres épuisées des localités qui nous avoisinent. Ce sont ou l'ignorance des avantages que peut procurer cette culture, ou la difficulté qu'on a à utiliser le fourrage de cette plante. Nous devons donc ici éclairer le praticien sur la première question et lui indiquer les moyens qu'il peut employer pour vaincre les difficultés de la seconde.

Climat et Sol favorables.

L'ajonc est une des plantes les moins exigeantes. Il vient bien sous presque tous les climats ; il redoute seulement, dans les premières années de son développement, les chaleurs excessives de l'été ou bien l'influence des gelées tardives. Les terres qui lui conviennent le mieux sont les terres siliceuses, granitiques, schisteuses, les terres de landes, les terres épuisées ; les terres ferrugineuses qui ne veulent rien laisser pousser, permettent même la culture de l'ajonc ; mais, malgré cela, cette plante redoute les sols calcaires ou marécageux.

Semailles et Récolte.

Cultivé sur les vieilles terres, l'ajonc se sème habituellement dans une céréale de printemps, et on enterre les semences par un hersage. L'association de cette culture avec une céréale a pour but de donner un abri à la jeune plante, qui pourrait difficilement résister aux ardeurs du soleil du mois de juin ou de juillet. Après l'enlèvement de la céréale, il faut éloigner avec soin du champ toute espèce de bétail. Les animaux, très-friands des jeunes pousses de cette plante, pourraient compromettre l'avenir de la récolte. La quantité de semences d'ajoncs qu'il faut répandre par hectare est de 15 à 20 kilos qu'on sème ordinairement à la volée.

Depuis l'ensemencement de cette culture jusqu'à sa récolte, qui a lieu généralement pendant le deuxième hiver suivant, cette plante ne réclame aucun soin d'entretien. La récolte a lieu ordinairement depuis la fin de novembre jusqu'à la fin de février. C'est, comme nous le savons, le moment où toute espèce de fourrage vert va manquer à la ferme. La coupe de cette plante se fait avec la faux ou la faucille, mais il est important de couper ce fourrage à *rez de terre*; car, autrement, les parties herbacées, épargnées par la faux, deviendraient ligneuses.

Dès qu'on a commencé une fois la récolte de l'ajonc, on peut ensuite le faucher à volonté tous les

ans ou tous les deux ans. Récoltée tous les deux ans,
la partie inférieure devenant ligneuse, ne peut guère
servir que de combustible. Mais par cette méthode
la plante durera plus longtemps sur le même sol.
Si une coupe annuelle, au contraire, a l'inconvénient d'abréger la durée de cette culture, elle a, au
moins, l'avantage de pouvoir tout utiliser comme
fourrage. Nos cultivateurs choisiront, mais les coupes annuelles nous paraissent préférables et moins
coûteuses.

Rendement.

Le rendement annuel de l'ajonc est de 20 à
25,000 kilos de fourrage vert par hectare. Voilà,
certes, une récolte fourragère comme nous n'en
avons pas trouvé jusqu'à ce jour. Mais ce n'est pas
tout ; car, si on prouve par quelques chiffres la
richesse en azote de ce fourrage, l'on verra combien
il serait à désirer que cette culture prît de l'extension sur nos mauvaises terres épuisées. Effectivement, en admettant seulement 20,000 kilos d'ajonc
par hectare, puisque l'analyse constate qu'un kilo-
gramme d'ajonc contient 8 grammes d'azote par
kilo, la récolte contient donc 160 kilos d'azote ;
c'est-à-dire autant de valeur nutritive que 13,000 kilos de foin fané, autant que 9,400 kilos de trèfle
fané ou autant que 32,000 kilos de trèfle vert. Or,
où trouver en Sologne une prairie naturelle qui
nous donne annuellement 13,000 kilos de foin

fané, et où trouver en Beauce une prairie artificielle qui nous donne annuellement 32,000 kilos de trèfle vert ? Il résulte donc de ceci, qu'il n'est ni herbage naturel, ni prairie artificielle qui soient aussi productifs que l'ajonc. Mais, en outre, l'ajonc, puisqu'il peut durer au moins six à sept ans, a l'avantage d'améliorer la terre par les débris foliacés qu'il laisse annuellement au sol et permet à cette terre, rendue plus fertile, de donner des récoltes qu'il eût été impossible d'obtenir avant la culture de l'ajonc.

Emploi de l'ajonc comme fourrage.

Nous venons de voir que lorsqu'on cultivait l'ajonc, il était nécessaire d'en éloigner le bétail, parce qu'il le recherchait avec avidité. L'analyse vient de nous démontrer que l'ajonc est riche en principes azotés, nutritifs. La pratique, de son côté, admet que l'ajonc comme fourrage peut remplacer les deux tiers de son poids de foin ordinaire, et on considère en Angleterre qu'un hectare d'ajonc peut entretenir par son fourrage, pendant toute la saison hivernale, 12 têtes de bétail. Il n'en faut pas davantage pour justifier à nos yeux la valeur de l'ajonc comme fourrage. Mais malheureusement son emploi pratique, à ce titre, présente un grand inconvénient. Les jeunes rameaux sont garnis de pointes qui non-seulement gênent les animaux pour les manger, mais qui, une fois introduites dans l'estomac, peuvent donner lieu à de graves incouvénients.

Voilà certainement une des causes qui empêchent la culture de ce fourrage de se propager ; car il devient indispensable de faire subir à l'ajonc une préparation préalable, avant de le distribuer aux animaux. Cette préparation a pour but de broyer l'ajonc et d'en détruire les épines.

Nous avons donc à examiner les différents moyens que l'on peut suivre pour obtenir ce résultat. On a d'abord pensé que la cuisson pourrait détruire l'inconvénient que présente l'ajonc, et alors, après avoir écrasé ce fourrage avec la machine à battre, ou après l'avoir coupé avec un hache-paille, on le soumettait dans cet état à une cuisson prolongée. Mais le résultat ne fut pas couronné de succès. Aussi voyons-nous, dans les exploitations où la culture de l'ajonc se fait un peu en grand, qu'on a été obligé de recourir à des moyens plus puissants.

M. Heuzé considère comme une des meilleures méthodes pour préparer l'ajonc, l'emploi des machines à broyer le tan. Dans les localités à cidre, on pourrait utiliser très-bien la meule à écraser les pommes. Enfin, la mécanique agricole offre à nos cultivateurs bon nombre d'instruments pour la préparation de l'ajonc. L'un des plus simples et qui donne les meilleurs résultats, nous est fourni par un habile constructeur d'instruments agricoles, M. Bodin. Son appareil à broyer l'ajonc se compose

d'abord d'un hache-ajonc qui peut servir au besoin
de hache-paille et d'un broyeur qui sert à broyer les
feuilles, les tiges et les grains de l'ajonc coupé. La
dépense totale de cet appareil est de 380 fr., et, mû
par la vapeur, il peut apprêter 50 kilos d'ajonc en
20 minutes. Ce prix est parfaitement accessible pour
une exploitation où l'on voudrait se livrer sérieusement à la culture de cette plante fourragère.

Mais si l'emploi des machines puissantes, comme
celles que nous venons d'indiquer, est possible
dans nos grandes exploitations, il n'en est plus de
même pour la petite culture. Nous devons donc
indiquer les moyens les plus simples qu'on pourrait
mettre à profit dans les petites fermes de nos localités, dans le cas où on se livrerait à cette culture.

Le procédé mis en usage pour préparer l'ajonc
dans les fermes peu étendues, est le suivant : les
pousses de l'ajonc sont d'abord coupées en fragments de la longueur de 3 à 5 centimètres, au
moyen d'une espèce de hache. On les place ensuite
dans une auge en bois, dont l'épaisseur du fond est
au moins de 16 centimètres ; cette caisse a en outre
2 mètres de longueur, 50 centimètres de largeur
et 35 centimètres de hauteur; elle porte à sa partie
inférieure un trou pour laisser échapper l'excédant
de l'eau qu'on va ajouter pour faciliter la division
de l'ajonc. Les fragments de l'ajonc, placés dans
cette caisse, humectés d'eau, sont ensuite écrasés,
au moyen d'un fort maillet en bois, garni à sa partie

inférieure de gros clous à tête plate. Ce maillet a
beaucoup d'analogie avec celui qui sert à broyer les
tuiles et les briques pour préparer du ciment. Dès
que les pousses de l'ajonc sont réduites en pulpes et
qu'en pressant ces pulpes dans les mains, on ne
sent plus l'action des piquants, on laisse écouler
l'eau excédante, on retire les pulpes de l'auge et on
renouvelle la même opération. D'après les observations de M. Heuzé, un homme aidé d'une femme
et d'un enfant peut, par ce moyen, diviser et
broyer 150 kilos d'ajonc par jour. Tel est jusqu'à ce
jour le moyen le plus simple pour préparer l'ajonc
destiné aux animaux. Mais, quel que soit le moyen
qu'on veuille employer, il ne faut pas perdre de vue
qu'on ne doit d'abord faucher l'ajonc qu'au fur et à
mesure des besoins, parce qu'il pourrait se dessécher et devenir plus difficile à broyer. Il faut encore
éviter de broyer plus d'ajonc que la consommation
journalière ne l'exige, parce que la pulpe noircit
d'abord, entre vite en fermentation et devient im-
propre à l'alimentation. La pulpe de l'ajonc se distribue ensuite à la dose de 15 à 20 kilos par jour et
par tête de bétail. On y ajoute des pommes-de-terre
et du son pour en adoucir les propriétés échauf-
fantes. A la suite d'une enquête faite en Angleterre,
on a établi ainsi la ration d'une bonne vache laitière:

Ajonc, 19 kilos ;

Foin, 2 kilos ;

Navets de Suède, 9 kilos.

L'expérience a prouvé que, soumis au régime de l'ajonc, les animaux se portent bien. Le lait des vaches n'est nullement altéré dans ses qualités, et, selon M. Vienot, les éleveurs irlandais ont supprimé à leurs chevaux le foin et l'avoine pendant l'hiver, pour les remplacer par de la pulpe d'ajonc.

En un mot, par l'abondance de son fourrage et ses qualités, la culture de l'ajonc mérite de fixer sérieusement l'attention des cultivateurs.

Luzerne jaune, Minette.

C'est sous le nom de minette qu'on désigne dans l'agriculture de nos localités une petite plante bisannuelle, à fleurs jaunes, dont la culture n'est pas très-ancienne. Si le fourrage que peut donner cette plante pour l'abondance et la qualité, ne peut être comparé à celui du trèfle ordinaire, elle offre au moins à nos cultivateurs l'avantage de se développer sur des terres sèches, là où le trèfle ne pourrait réussir. S'il est vrai que la minette ne donne, comme foin sec, qu'un fourrage insignifiant, elle devient productive lorsqu'elle est pâturée ; car elle repousse sans cesse sous la dent des animaux. Elle forme surtout un très-bon pâturage pour les moutons, et n'expose pas, comme le trèfle et la luzerne, les animaux aux dangers de la météorisation.

Sols propres à cette culture.

La minette, dans nos localités, se développe à peu près bien sur tous les sols en culture, et ce qui fait surtout son principal mérite, c'est de pouvoir donner des produits passables sur les sables arides et les sols calcaires, en un mot, sur des terres trop pauvres pour y permettre la culture des plantes fourragères propres aux prairies artificielles.

Place dans la rotation.

La minette peut occuper dans l'assolement la même place que le trèfle ordinaire, et on lui fait aussi succéder les mêmes récoltes ; dans quelques contrées on a pris la bonne habitude de l'associer aux trèfles blancs : elle forme, par ce moyen, un très-bon pâturage pour les moutons.

Culture et ensemencement.

Les soins de culture de cette plante sont les mêmes que pour le trèfle, et la quantité de semence à répandre par hectare est aussi la même. Il résulte de ceci que les cultivateurs qui voudront l'associer à du trèfle blanc devront semer parties égales de graines de minette et de trèfle blanc.

Récolte.

Cette plante n'est jamais transformée en fourrage sec et ne sert alors que comme pâturage. Semée dans une céréale de printemps, on peut déjà, à l'automne suivant, la faire pâturer par les moutons. Au printemps suivant, lorsqu'elle commence à fleurir, on y ramène les moutons, et cette opération peut être renouvelée deux ou trois fois pendant l'été. Enfin, on la rompt à l'automne généralement après y avoir fait parquer les moutons, parce que cette plante n'étant pas améliorante, ne peut laisser au sol les éléments nécessaires au développement de la récolte qu'on va lui faire succéder.

8

CHAPITRE XIII.

De la Moutarde blanche, du Maïs, du Moha de Hongrie et des Lupins.

Moutarde blanche.

La moutarde blanche, désignée aussi sous le nom de moutardin, herbe au beurre, est une plante crucifère annuelle qui, cultivée dans nos fermes, peut y remplir un rôle multiple. En effet, la moutarde blanche, enfouie au moment de sa floraison, constitue d'abord une fumure verte d'une certaine importance, que peut-être à tort on n'utilise pas assez souvent à la ferme. Si on laisse venir cette plante à maturité, elle fournit des graines oléagineuses qui la font rentrer dans la classe des plantes industrielles. Mais c'est surtout comme plante fourragère qu'on doit la cultiver dans nos fermes ; car, à cause de sa précocité et de sa rapide végétation, elle peut fournir depuis le printemps jusqu'à l'automne un très-bon fourrage vert, et même à l'arrière-saison un pâturage avantageux.

Sols convenables à cette culture.

La moutarde blanche n'est pas très-exigeante;
elle se développe à peu près sur toutes les terres;
mais néanmoins, pour en obtenir des produits avantageux, il faut faire choix de bonnes terres siliceuses ou prendre des terres à avoine et à froment.
Les étangs desséchés sont parfaits pour la culture
de cette plante fourragère.

Ensemencement de la moutarde.

Comme récolte fourragère intercalaire, on peut
semer la moutarde sur les terres libres, depuis février jusqu'en septembre, après un seul labour et
sans engrais. Mais comme la moutarde est assez
souvent cultivée comme fourrage d'arrière-saison,
on la sème généralement après une céréale. Après
l'enlèvement de la céréale, on donne un labour su-
perficiel ou tout simplement un coup d'extirpateur.
On sème ensuite la graine de moutarde, qu'on enterre au moyen de la herse. L'ensemencement a
lieu à la volée, et la quantité de graines à répandre
est en moyenne de 10 kilos par hectare, pour les
bonnes terres, et 12 à 15 kilos pour les terres de
médiocre qualité. Une fois semée, cette plante lève
et croît avec rapidité; car, en moyenne, quarante
jours après sa germination, elle arrive à la floraison.
La croissance rapide de la moutarde offre à nos pra-

ticiens plusieurs avantages. Nous voyons, en effet, que, semée successivement et alternativement sur les terres libres de la ferme, elle pourra d'abord produire un fourrage abondant pendant toute la saison ; mais sa culture devient encore avantageuse pour les récoltes qu'on voudra lui faire succéder, car, non-seulement elle étouffe les mauvaises herbes, mais en abritant le sol par son épais fourrage, elle lui conserve une certaine fraîcheur qui rend les labours ultérieurs beaucoup plus faciles.

Récolte et rendement.

La récolte de ce fourrage est des plus aisées. Dès que la moutarde est en fleur, on en fauche tous les jours la quantité nécessaire aux besoins journaliers des animaux de la ferme, mais particulièrement pour les vaches ; quelquefois même, dans certaines localités, on n'attend pas l'époque du fauchage, on se contente, lorsque cette plante a acquis la hauteur de 30 à 32 centimètres, de la faire pâturer sur le champ même par les vaches.

Le rendement moyen en fourrage vert de cette plante, lorsqu'elle est sur de bonnes terres, est de 20,000 kilos par hectare. Et comme on estime que sa valeur nutritive est telle, que 475 kilos de moutarde verte peuvent remplacer dans l'alimentation du bétail 100 kilos de bon foin fané, nous voyons de suite que les 20,000 kilos de moutarde verte représentent un peu plus de 4,000 kilos de foin fané.

Si l'expérience nous apprend que la moutarde est un fourrage recherché par les animaux, nos cultivateurs ne devront pas oublier que, consommée en grande quantité, elle constitue un fourrage échauffant. Cela est si vrai, que quelques praticiens conseillent de faire saigner les animaux dans la ration desquels cette plante entre pour une forte proportion.

Il résulte même des observations de M. Chatel, qu'un seul repas par jour de ce fourrage est celui qui produit les meilleurs résultats. Car, dans ce cas, dit l'honorable auteur, la moutarde blanche porte à l'engraissement, et chez les vaches à la production du lait, qui devient plus crémeux et de meilleure qualité. Si, au contraire, la moutarde est la seule alimentation journalière des vaches, ou si même elle en est l'élément prépondérant, le lait acquiert un goût âcre et désagréable.

Outre les avantages de fournir en peu de temps un fourrage abondant et nutritif, et de le donner à l'arrière-saison quand elle est semée en temps propice, la moutarde blanche offre encore à nos praticiens, par son enfouissement en vert, le moyen de se procurer une fumure des plus utiles. Nous ne reviendrons pas ici sur les avantages que peut procurer une récolte enfouie en vert, puisque nous avons déjà traité cette question. Mais comme c'est toujours le fumier qui manque à la ferme, il faut faire comprendre à nos praticiens qu'au moyen de 12 à 15 kilos de graines de moutarde répandues sur un hectare de terre, ils peuvent, en quelques semaines, se procurer une fumure d'une certaine importance. Nous venons de voir qu'un hectare de moutarde donne en moyenne 20,000 kilos de plantes vertes, et l'analyse nous indique que ces 20,000 kilos de plantes vertes contiennent 90 kilos d'azote. Si donc nous enterrons cette récolte en vert, nous enfouirons dans le sol autant d'azote que peuvent en fournir 22,500 kilos de fumier. Voilà, certes, une fumure d'une certaine importance, développée à peu de frais et en peu de temps. Pour guider les cultivateurs qui voudraient utiliser le moyen de fumer leur sol par l'enfouissement d'une récolte de moutarde verte, nous leur dirons que c'est surtout sur les terres à colza qu'on a l'intention d'ensemencer en blé, qu'il y a avantage à employer la moutarde comme engrais. Quant au moyen de le faire, il est simple et facile : la moutarde étant arrivée à sa floraison, on fait passer dans le champ un rouleau assez fort pour briser les tiges de la plante que l'on enfouit ; ensuite on donne un labour qu'on fait suivre d'un coup de herse.

Résumant maintenant en quelques mots les avantages de la moutarde comme culture fourragère dérobée, nous trouvons qu'elle fournit un fourrage abondant, qu'elle ne salit pas le sol, qu'elle rend plus faciles les labours des terres qu'on destine aux céréales d'automne ; qu'elle peut donner de septembre jusqu'aux premières gelées un fourrage vert abondant, qui augmente la production du beurre. Mais nous devons aussi signaler à l'attention des praticiens que si la moutarde est moins épuisante qu'une céréale, elle doit néanmoins altérer un peu les couches superficielles du sol ; car s'il est vrai qu'une portion des 90 kilos d'azote que représente une récolte de moutarde a été empruntée à l'atmosphère, nous ne nous éloignons guère de la vérité en supposant qu'une portion non moins importante vient du sol et peut ainsi en épuiser la fécondité.

Culture du Maïs ou Blé de Turquie.

Le maïs est une graminée qui occupe un des premiers rangs parmi les plantes sarclées de notre agriculture méridionale. Cette place, il la doit au rôle important que remplissent ses graines dans l'alimentation des populations rurales du Midi de la France. C'est qu'en effet, la farine du maïs, soit seule, soit mélangée avec celle du froment, donne, sous forme de pain ou de bouillie épaisse, une nourriture saine, substantielle et de facile digestion. Il y a plus encore, c'est que les graines de maïs entières ou concassées sont pour le petit comme pour le gros bétail et même pour les oiseaux de basse-cour, la nourriture d'engraissement par excellence. Mais en-dehors des avantages que fournissent les graines du maïs, ses tiges vertes ou fanées donnent naissance à un fourrage qui convient à tous les animaux de la ferme. C'est donc d'abord comme céréale alimentaire que le maïs peut être cultivé; mais comme il lui faut pour que ses graines mûrissent, bien plus de chaleur qu'au froment, sa culture n'est véritablement prospère et lucrative que dans les pays chauds. Quoique le maïs arrive encore assez facilement à maturité dans nos localités, nous ne pensons pas que, cultivé pour ses graines, il puisse offrir assez de bénéfices à nos praticiens pour leur permettre de se livrer sérieusement à sa culture. Mais il n'en sera plus de même, si nous venons à le considérer comme plante fourragère. Alors il se développe assez bien sur toute l'étendue de notre territoire, et les résultats qu'il a donnés en Alsace et ailleurs justifient ce que nous avançons ici. C'est donc comme plante fourragère que nous examinerons ici la culture du maïs.

Nous connaissons bien des variétés de maïs, mais toutes ne sauraient être cultivées comme fourrage. On conçoit facilement que le cultivateur doive s'adresser dans ce cas aux variétés qui acquièrent les plus grandes dimensions, et dont les feuilles amples et nombreuses soient en même temps les plus tendres. Le maïs d'automne et le maïs blanc tardif remplissent convenablement ces conditions.

Terres qui conviennent à cette culture.

Le maïs, pour bien se développer, est assez exigeant ; car les terres les plus favorables à sa culture sont les terres légères, profondes, bien ameublies, de nature calcaire, fraîches sans être humides, et possédant en outre un certain degré de fertilité. Les terres maigres et sèches, les terres argileuses lui conviennent moins bien. Cependant, en Bourgogne, sur les bords de la Saône et dans la Bresse, cette céréale réussit encore bien sur les terres argileuses bien travaillées et bien ameublies.

Place dans la rotation.

Comme fourrage cultivé un peu en grand, on peut le placer sur les terres consacrées aux prairies artificielles ; mais le plus ordinairement on lui fait occuper la place d'une récolte intercalaire, en le faisant succéder à des féveroles, à des pommes-de-terre, à de la vesce d'hiver, à du trèfle incarnat et même à du seigle. Dans le Midi de la France, où la température permet un développement plus hâtif, on le sème au printemps, puis après l'avoir récolté comme fourrage, on le remplace par de la vesce ou des pois gris d'été, ou bien encore, comme il peut se succéder à lui-même, on en fait un nouvel ensemencement sur le même terrain. On occupe

8.

ainsi les terres jusqu'à l'automne à la production des fourrages.

La culture du maïs offre, du reste, l'avantage de très-bien préparer le sol à recevoir des céréales.

Préparation du Sol.

La terre qui recevra le maïs devra être convenablement ameublie par des labours et des hersages. Si l'on veut obtenir de cette culture un abondant fourrage vert, il faut que le sol présente un certain état de fertilité. S'il en était autrement, il faudrait y répandre une fumure avant les labours. L'engrais que réclame cette culture doit se composer de fumier bien consommé, et l'expérience pratique semble établir que celui qui lui convient le mieux doit être composé d'un mélange de fumier de vache bien consommé, additionné de cendres ou de charrées.

Semailles.

Après avoir, avant tout, fait choix de semences qui soient bien mûries sur pied, on sème le maïs, dans le Midi de la France, depuis avril jusqu'au commencement d'août. En échelonnant convenablement les époques d'ensemencement du maïs pendant ces quatre mois, soit sur le même terrain, soit sur des terres différentes, on peut obtenir un abondant fourrage vert depuis les premiers jours de

juin jusqu'en octobre. Mais il n'en est plus de même
dans nos contrées, parce qu'elles sont moins favo-
risées par la température ; le premier ensemencement ne peut guère avoir lieu qu'en mai, et le dernier au plus tard à la fin de juillet. Quant au mode
d'ensemencement, nos praticiens le font considérablement varier d'une contrée à une autre. Les uns
sèment à la volée, à raison de 100 à 200 litres par
hectare, et ils enterrent la graine par un léger hersage. D'autres le placent sous raies par un léger
labourage, beaucoup enfin le sèment en lignes plus
ou moins espacées. Par ce moyen, on peut économiser une certaine quantité de semences. C'est au
praticien intelligent à choisir la méthode la plus
avantageuse.

Soins à donner à cette culture.

Quel que soit le mode d'ensemencement employé,
dès que le maïs a acquis la hauteur de 5 à 6 centimètres, on lui donne un léger binage, et s'il a été
semé à la volée, on l'éclaircit un peu. Lorsqu'il a
acquis la hauteur de 35 à 40 centimètres, on lui
donne un buttage. Tous ces travaux ont pour but
de maintenir de la fraîcheur autour des racines et
des tiges, les protéger en outre contre les coups de
vent qui les couchent facilement, en un mot, concourir au développement de cette plante. Puisque
lorsqu'il est semé à la volée, il devient utile d'éclair-

cir les plants de maïs, nous voyons, en réalité, qu'après un semis en ligne ou à la volée, il doit rester entre les tiges de maïs d'assez larges intervalles de terre qui peuvent être utilisés par des récoltes accessoires, aussi voyons-nous dans la Bourgogne les cultivateurs placer entre les plants de maïs des choux, des haricots et des navets de table.

Récolte et rendement.

La récolte du maïs, comme fourrage, doit commencer au moment où les épis mâles commencent à apparaître au sommet de la plante. Si on le fauchait avant cette époque, il donnerait alors un fourrage moins abondant et moins nourrissant. Le cultivateur perdrait alors tout à la fois en quantité et en qualité. Si, pour le faucher, on attendait à la ferme que les épis fussent bien formés, les tiges de maïs deviendraient plus ligneuses, plus dures et constitueraient un fourrage plus difficilement accueilli par les bestiaux, en même temps que sa culture épuiserait davantage le sol. Dans le Midi, c'est à peu près deux mois après son ensemencement, que le maïs atteint un développement suffisant ; mais dans nos localités, il faut attendre trois mois et quelquefois plus. Le fauchage du maïs doit se faire le matin après la rosée, ou le soir, vers le coucher du soleil. En le fauchant pendant le milieu de la journée, si le soleil est ardent, l'expérience nous montre qu'il s'échauffe facilement, qu'il est mal accepté par les animaux et qu'il peut les exposer à contracter des maladies.

Si le maïs vient à être grêlé avant son entier développement, l'expérience nous apprend que pour le cultivateur tout n'est pas perdu, s'il a le soin de le faire faucher de suite, car il peut repousser encore du pied et donner un fourrage moins important, mais néanmoins encore satisfaisant. Si toute la récolte de maïs ne peut être consommée en vert, le cultivateur pourra le faire faner et s'en servir alors comme de fourrage sec ; mais n'oublions pas d'ajouter que si le fanage de cette plante s'exécute facilement dans le Midi, il présente plus de difficultés dans nos localités.

Le rendement en fourrage sec d'un hectare de maïs s'élève en moyenne à 7,000 kilos, représentant environ comme valeur nutritive, 5,000 kilos de bon foin fané.

Le maïs, comme fourrage vert ou sec, est bien accueilli par les animaux de la ferme. S'il est vrai qu'il est moins nourrissant que le foin et d'autres fourrages, il compense d'abord cette perte par son rendement, et les cultivateurs pourront facilement corriger cet inconvénient en lui associant une certaine proportion d'une autre nourriture plus substantielle. Enfin, la culture du maïs, par les binages qu'elle exige pendant sa végétation, offre l'avantage d'ameublir le sol, de le nettoyer et de le préparer convenablement à la culture d'une autre céréale.

Moha de Hongrie.

Le moha de Hongrie, désigné aussi sous le nom de millet de Hongrie, est encore une plante fourragère qui peut être cultivée dans nos localités. Les graines de moha germent facilement et pendant le développement de cette plante, ses tiges se garnissent de nombreuses feuilles qui donnent à nos animaux un bon fourrage vert. Cette plante s'accommode de tous les climats, et s'il est vrai de dire que c'est surtout sur les terres un peu argileuses qu'on en obtient le maximum de fourrage, néanmoins il donne encore d'assez bons produits sur les terres légères qui se dessèchent facilement. Sa culture présente la plus grande analogie avec celle du maïs. Comme fourrage, il occupe la même place que lui dans la rotation des cultures, et il demande aussi un terrain bien ameubli présentant un certain degré de fertilité. L'ensemencement doit se faire à la volée, et 10 kilos de graines suffisent pour un hectare de terre. On fait faucher ce fourrage dès que les épis commencent à paraître, et lorsqu'il est placé dans des circonstances convenables, son rendement est plus élevé que celui du maïs. On estime, en effet, à 10,000 kilos la quantité de fourrage fané qu'un hectare de moha peut produire. Il a aussi une va-

leur nutritive plus élevée que le maïs , car elle
paraît égaler celle du bon foin des prairies naturelles. La culture du moha, comme fourrage, est
donc plus avantageuse que celle du maïs.

Des Lupins.

Quelques espèces du genre lupin, et particulièrement le lupin blanc et le lupin à feuilles étroites,
peuvent être cultivés dans nos contrées avec un
double but : servir par leur fourrage vert ou par
leurs graines, à l'alimentation du bétail, ou être
enfouis en vert et servir d'engrais.

Climat et Sol favorables.

Originaires des contrées chaudes et tempérées,
les lupins, qui nous occupent, pourront prospérer
sur les terres de nos fermes. Ils ne sont guère plus
exigeants que l'ajonc, car, comme lui, ils se développent convenablement sur les terres siliceuses,
sèches, arides, dans les graviers et les sables ferru-
gineux. Ils ne redoutent que les sols calcaires, argileux ou marécageux. Ils présentent, en outre, un
avantage qu'on ne rencontre pas généralement dans
les autres fourrages légumineux, c'est de pouvoir
fréquemment repousser sur le même terrain.

Préparation du Sol, Ensemencement.

La préparation du sol, qu'exige cette culture, est des plus simples : un labour suivi d'un hersage. L'ensemencement dans nos localités peut avoir lieu en avril, et les lupins se sèment à la volée dans les proportions suivantes : 80 kilos de graines par hectare, si la récolte est destinée à être utilisée comme fourrage vert ou comme pâturage ; 60 kilos suffisent si on cultive les lupins pour leurs graines. L'ensemencement fait, on donne un léger hersage, parce que ces graines demandent à être peu enterrées.

Dans le Midi de la France on associe souvent cette culture à celle du trèfle incarnat. Lorsque ce mélange de plantes fourragères est en pleine fleur il donne des prairies d'un effet admirable et qui produisent un bon fourrage.

Récolte.

Les lupins ne sont utilisés à la ferme que comme fourrage vert ou pâturage ; à l'état de fourrage fané, ils sont rebutés par les animaux. On les fauche lorsque les premières fleurs commencent à paraître, ou bien on les fait pâturer par les moutons, qui s'en accommodent très-bien.

Lorsque les lupins sont cultivés pour leurs graines, on en fait la récolte quand les tiges sont jaunes et les gousses bien sèches. On les coupe alors
avec une faucille, on les bat sur le champ même
avec un fléau et on procède ensuite à leur net-
toyage. Leurs tiges ramassées sont généralement
brûlées sur place, et leurs cendres, écartées sur le
champ même, sont un moyen de fertiliser le sol;
mais ces tiges, si elles étaient rapportées à la ferme
et mélangées au fumier, serviraient plus utilement,
parce qu'elles augmenteraient la masse du fumier.
Les graines de lupin peuvent aussi servir à l'alimentation du bétail et quelquefois pour engrais.
Lorsqu'on veut les faire servir de nourriture, il est
nécessaire de les faire macérer à plusieurs reprises
dans de l'eau pour les priver d'un principe amer
qui les rend désagréables aux animaux. Si on veut
les utiliser comme engrais, méthode employée surtout dans le Midi pour fumer les arbres fruitiers, il
faut les exposer à la chaleur du four pour en détruire la faculté germinative. Enfin les lupins, arrivés à leur floraison, peuvent servir avantageusement comme fumure verte. C'est surtout dans ce
cas que cette culture pourrait présenter des avantages dans nos contrées. Pour les utiliser ainsi, on
fait passer sur le champ un fort rouleau pour briser
les tiges des lupins, puis on donne un bon labourage dont les raies suivent la direction dans laquelle les tiges ont été couchées. On termine l'opé-

ration de l'enfouissement des lupins au moyen d'un hersage. L'expérience a prouvé qu'une récolte de lupins enfouis en vert offre à nos cultivateurs le moyen de se procurer une fumure avantageuse.

CHAPITRE XIV

Ivraies ou Ray-Grass.

Les ivraies ou ray-grass sont de précieuses graminées fourragères à cause de leur valeur nutritive et de leur précocité. On peut les cultiver à la ferme pour former des prairies artificielles sans mélange; mais souvent aussi on les associe au trèfle rouge, au trèfle blanc et à la minette. Il existe plusieurs variétés de ray-grass; ainsi nous avons le ray-grass anglais, le ray-grass d'Italie et le ray-grass de Bretagne.

Le ray-grass anglais est l'ivraie vivace. Cette plante est désignée, nous ne savons pourquoi, sous le nom de ray-grass anglais; car sous le nom de *margal* elle était cultivée de temps immémorial dans le midi de la France, et cela bien longtemps avant qu'elle n'eût été adoptée par l'agriculture anglaise.

Le ray-grass d'Italie est l'ivraie ordinaire. Son nom lui vient de ce qu'elle parait originaire de cette contrée. Le ray-grass de Bretagne est l'ivraie multiflore. Cette plante fut cultivée pour la première fois en 1835, par l'habile directeur de l'Ecole d'agriculture de Grand-Jouan, M. Rieffel. Chacune de ces variétés ayant en quelque sorte sa spécialité, il est important que les cultivateurs sachent bien en faire la différence, et pour cela nous les examinerons successivement et à part.

Ivraie vivace ou ray-grass anglais.

Cette graminée croît spontanément sur tous les terrains de l'Europe, pourvu qu'ils ne soient ni trop secs ni marécageux. C'est cette plante qu'on préfère pour former annuellement les gazons de nos jardins. Nous venons de dire que c'est une plante vivace; l'expérience nous prouve, en effet, qu'elle peut facilement durer cinq à six ans sur le même sol. L'expérience nous apprend aussi que, lorsque le ray-grass anglais est cultivé sur de bonnes terres, ses tiges peuvent acquérir assez de hauteur pour donner annuellement plusieurs coupes successives et faire du fourrage fané. Néanmoins ce n'est pas généralement dans ce but que le ray-grass est cultivé, parce que, comme tel, il ne donne qu'un fourrage de qualité inférieure au foin des prairies.

Mais il n'en est plus de même comme fourrage vert ou comme pâturage ; car alors il est très-recherché par les animaux, surtout par les moutons. Voici, du reste, à ce sujet, comment s'exprime M. Bodin : « Lorsque le ray-grass est destiné à former un « pâturage pour les moutons, c'est le ray-grass « anglais le plus convenable ; si, au contraire, on « veut le faucher pour être consommé en vert ou « transformé en fourrage fané, on doit préférer le « ray-grass d'Italie. »

C'est donc comme pâturage qu'on doit cultiver le ray-grass anglais, et par cela seul qu'il va rester un certain nombre d'années sur le même sol, il devient difficile de le faire entrer dans un assolement régulier. Nos praticiens ne devront pas oublier que le ray-grass est une graminée; que si elle est cultivée seule, elle épuise le sol, et que, dans ce cas, la récolte qui lui succédera, loin de trouver dans le sol les éléments nécessaires à son développement, pourra le trouver appauvri. Mais nous allons voir qu'au moyen des engrais qui sont nécessaires à cette plante, si l'on veut en obtenir de bonnes récoltes, et aussi par son association avec une légumineuse, on détruit cet inconvénient.

Ensemencement.

Si l'on veut obtenir du ray-grass anglais un fourrage bon et abondant, il faut se procurer avant tout

de bonnes graines. Les praticiens ne devront pas
oublier que les graines de ray-grass qu'on livre dans
le commerce, pour former les gazons de nos jardins, ne peuvent convenir, parce qu'elles ne donnent qu'un fourrage fin et insignifiant. Les bonnes
graines de ray-grass doivent être prises sur des
plantes de grande culture âgées de deux ou trois
ans et qu'on récolte sur la première coupe. Une fois
qu'on s'est procuré de bonnes graines, on procède
à leur ensemencement, qui pourra avoir lieu dans
une céréale d'automne ou de printemps.

Mais nous ne devons pas perdre de vue que les
semis faits dans une céréale à l'automne ont un
grave inconvénient, celui d'emprunter, pour se développer, une partie des principes de la fumure qui
doit servir à la céréale ; alors ils peuvent gravement
compromettre cette récolte. Cet inconvénient, qui
n'en existe pas moins, se fait toutefois moins sentir
lorsque le ray-grass est semé dans la céréale au
printemps.

Puisque la pratique nous apprend qu'il est des
cas où les semis d'automne deviennent nécessaires,
comme par exemple sur les terres qui sont sujettes
à souffrir des sécheresses de l'été, il devient préférable dans ce cas de semer le ray-grass sur une
terre nue bien préparée. La quantité de semence
nécessaire pour un hectare de terre est de 40 à
60 kilos, toutes les fois que le ray-grass est semé
seul.

Puisque le ray-grass, par sa nature exigeante, peut gêner le développement de la céréale dans laquelle on le sème, il devient utile de chercher à l'associer à une autre plante fourragère qui, par sa présence, puisse atténuer ou diminuer l'inconvénient que nous venons de signaler. L'expérience nous apprend qu'en associant le ray-grass à la culture du trèfle, on remplit parfaitement ce but ; car nous avons en présence deux cultures fourragères qui se comportent sur le sol d'une manière bien différente. Si le ray-grass épuise le sol, le trèfle, au contraire, l'améliore, et il s'établit bientôt un équilibre entre l'épuisement produit par le ray-grass et l'amélioration fournie par le trèfle. Mais l'association de ces deux fourrages présente encore un avantage que les cultivateurs ne doivent pas ignorer; le fourrage de trèfle et de ray-grass, pâturé même sur le sol, n'expose pas les animaux aux funestes accidents de la météorisation. Quand on associe le ray-grass au trèfle, l'ensemencement se fait au printemps, soit dans un blé d'hiver, après le hersage, soit en même temps qu'on fait les semailles d'un blé de printemps. La quantité de graines à répandre dans ce cas par hectare est de 25 à 30 kilos de ray-grass et 8 à 10 kilos de trèfle. Mais, si l'on veut, dans ce cas, obtenir un ensemencement régulier et uniforme, il faut d'abord semer le ray-grass, qu'on enterre par un hersage, répandre ensuite le trèfle et donner un léger roulage. Voici pourquoi cette précaution devient utile : Si on faisait le mélange de graines de ray-grass et de trèfle à la ferme, et si on le plaçait dans un sac pour le transporter sur le champ à semer, comme la graine de trèfle est plus petite et plus lourde que celle du ray-grass, elle gagnerait le fond du sac; par ce moyen, la première portion du champ semé se trouverait presque exclusivement formée de ray-grass, tandis que dans l'autre portion la graine de trèfle serait prédominante.

Soins de culture et engrais.

Le ray-grass, soit seul, soit associé au trèfle, n'exige aucun soin pendant sa végétation. Mais si l'on veut en obtenir un fourrage abondant, l'application des engrais devient nécessaire, surtout si le ray-grass se trouve placé sur des terres peu fertiles. Les engrais qui conviennent le mieux à cette culture sont d'abord le guano du Pérou, puis les engrais azotés d'une facile décomposition; et ces engrais devront être répandus à partir du printemps qui suit l'époque de l'ensemencement. Mais les engrais qui conviennent par-dessus tout sont les engrais liquides, tels que les purins étendus d'eau et les urines étendues d'eau. Ces engrais liquides, employés en arrosage, augmentent considérablement le développement de cette plante fourragère, et permettent facilement d'augmenter annuellement les coupes de ce fourrage, si on le destine à être fauché.

Récolte et rendement.

La première année de son ensemencement, le ray-grass, soit seul, soit associé au trèfle, donne vers l'arrière-saison un très-bon pâturage pour les moutons. Les années suivantes, dès que la belle saison apparaît, on voit le fourrage développer des touffes de feuilles longues et serrées, qui sont encore pour les moutons un très-bon pâturage, d'autant plus avantageux qu'il repoussera très-rapidement. Il faut, en effet, très-peu de temps à un champ de ray-grass pâturé pour se recouvrir à nouveau d'un fourrage abondant et substantiel.

Quoique le meilleur parti qu'on puisse tirer, à la ferme, du ray-grass, soit de l'utiliser comme pâturage ; cependant, on peut aussi s'en servir comme de fourrage vert fauché ou comme de fourrage fané. Dans le premier cas, où le ray-grass est cultivé seul, on le fauche un peu avant la formation des épis, plus tard les tiges de ce fourrage seraient plus ligneuses et moins recherchées par le bétail. Si, au contraire, il est associé au trèfle, on le fauche en pleine floraison. Enfin, comme fourrage destiné à être fané, on le fauche au début de la floraison et

9

l'on procède à son fanage. On doit prendre toute
espèce de précautions pour que le fanage du ray-
grass ne se prolonge pas trop, afin d'éviter que la
plante ne perde de son parfum et de sa valeur nutritive. On pourrait même la mettre en meules ou
la rentrer au fenil avant son entière dessiccation ;
car un petit commencement de fermentation ne ferait que rendre ce fourrage meilleur et plus appétissant. La quantité de fourrage vert obtenu en plusieurs coupes, peut s'élever en moyenne, à 8,000 kilos, représentant à peu près 4,000 kilos de fourrage
sec. Mais nos cultivateurs pourront augmenter et
même doubler ce rendement, s'il leur est possible,
après chaque coupe, de pratiquer sur leur champ de
ray-grass des arrosages avec les engrais liquides
que nous avons mentionnés plus haut. La valeur
nutritive du ray-grass sec est inférieure à celle du
foin de nos prairies. Car la pratique admet qu'il
faut 130 kilos de foin de ray-grass pour remplacer
dans l'alimentation des animaux 100 kilos de bon
foin fané. C'est pour cela que, dans les localités où
l'on vend du foin de ray-grass, son prix est toujours
inférieur à celui du foin ordinaire. Mais quoique le
ray-grass soit moins nutritif que le foin des prairies,
la pratique nous apprend que ce fourrage est très-
recherché et souvent même préféré au foin par les
animaux : à quoi tient cette différence ? M. Malagutti cherche à l'expliquer par ce fait, constaté par
l'analyse, que cette plante contient beaucoup de sel

marin, et nous savons tous avec quelle avidité les
animaux de la ferme recherchent le sel marin. On
pourrait encore dans les fermes de nos localités
cultiver le ray-grass dans le but d'en obtenir les
graines. Nos praticiens devront savoir que, pour
obtenir de bonnes graines de cette plante, ils ne
doivent les demander qu'à la première ou à la seconde pousse de la deuxième année, et que le fauchage dans ce cas ne doit se faire qu'après que la
plante est complètement défleurie. Il est encore un
point important à signaler ici, c'est que les graines
de ray-grass obtenues sur des terres froides, si on
vient à les semer sur des terres chaudes, ne pourront donner qu'une seule récolte. La quantité de
graines de ray-grass que l'on peut obtenir par hectare de terre, est en France, en moyenne, de 12 à
15 hectolitres; et, comme chaque hectolitre pèse
40 à 42 kilos, c'est donc à peu près 5 à 600 kilos de
graines que l'on peut obtenir. En Angleterre, on
obtient en moyenne, 27 à 30 hectolitres de graines
par hectare, mais ces graines sont bien plus légères,
car elles pèsent en moyenne 23 à 25 kilos l'hectolitre.

Les tiges qui ont porté graines peuvent encore
être utilisées à la ferme, car, selon M. Heuzé, lorsqu'on a soin de mélanger ces tiges avec des racines,
elles représentent encore une valeur nutritive qu'il
devient avantageux de ne pas négliger pour la saison d'hiver.

Plantes et animaux nuisibles au Ray-Grass.

Le ray-grass est trop souvent envahi par une espèce de champignon qu'on désigne sous le nom de *rouille*, et que nous retrouverons malheureusement plus tard sur le blé et autres céréales. Ce champignon fait souvent de si cruels ravages, que quelques cultivateurs, tout en reconnaissant les avantages de cette culture fourragère, se sont trouvés dans la nécessité d'y renoncer. Nous avons à indiquer au praticien les moyens qu'on a conseillé d'employer pour conjurer ces accidents. Suivant M. Heuzé, ceux qui peuvent servir en pareil cas sont des arrosages avec du purin ou des urines, ou des saupoudrages avec de bons guanos du Pérou ou d'autres engrais pulvérulents, riches en principes azotés.

Si nous résumons maintenant en quelques mots la valeur de cette plante fourragère, nous voyons que c'est surtout comme pâturage que cette culture est convenable; que si, seul, le ray-grass épuise le sol, il n'offre plus le même inconvénient lorsqu'il est associé au trèfle. Mais ajoutons que s'il est vrai qu'il peut donner d'excellents résultats sur les bonnes terres qui conservent une certaine humidité ou qui sont susceptibles d'être arrosées, il n'en est plus de même sur les terres de médiocre qualité et qui se dessèchent facilement.

Ray-Grass ou Ivraie d'Italie.

Le ray-grass ou ivraie d'Italie est ainsi désigné, parce qu'il nous est venu de la partie septentrionale de cette contrée. Mathieu de Dombasle est le premier qui en introduisit la culture en France, et en 1834 cette plante passa en Angleterre, où sa culture est aujourd'hui tellement bien faite, que nos voisins en obtiennent annuellement des quantités de fourrages incroyables.

Le ray-grass d'Italie nous offre les caractères suivants : il est encore plus précoce que le ray-grass anglais, il gazonne moins, il *talle* moins ; mais ses feuilles et ses tiges acquièrent une plus grande dimension, et ses épillets sont toujours barbus. Quoique l'expérience nous apprenne que s'il est placé dans des conditions presque exceptionnelles, il peut durer un certain nombre d'années, il est néanmoins considéré chez nous comme une plante biennale, c'est-à-dire ne pouvant durer que deux ans. Il donne un fourrage plus abondant, de meilleure qualité que le ray-grass anglais, aussi lui est-il préféré même par les animaux.

Climat et Sol favorables.

Le ray-grass d'Italie se développe sous tous les climats de l'Europe, mais il ne donne chez nous véritablement de bons produits que sur les terres argileuses de consistance moyenne, possédant une certaine fertilité, conservant en été une certaine fraîcheur ou susceptibles d'être arrosées; les terres sèches ou trop humides, les terres de médiocre qualité ne peuvent lui convenir. Quoique la culture du ray-grass d'Italie présente beaucoup d'analogie avec la culture du ray-grass anglais, elle offre néanmoins quelques nuances qui méritent de fixer l'attention de nos praticiens.

Le ray-grass d'Italie peut plus facilement que le ray-grass anglais, soit seul, soit associé au trèfle, faire partie d'un assolement régulier ; dans ce cas on lui fait occuper la place consacrée aux fourrages. Par cela seul que cette plante se développe avec vigueur, qu'elle acquiert rapidement une certaine hauteur, on ne peut guère la semer dans une céréale. On s'exposerait à perdre une partie du produit qu'elle pourrait fournir la première année. Il devient donc avantageux de la semer sur une terre nue, soit à l'automne, soit au printemps. Semée à l'automne, la première coupe sera naturellement plus précoce, et l'on obtiendra ainsi facilement quatre coupes; tandis que, semée au printemps, on n'en obtient guère que trois coupes. On trouve avantage à l'associer au trèfle, surtout lorsqu'on le place sur des terres qui, ne pouvant être arrosées, redoutent l'influence de la sécheresse de l'été. En cultivant simultanément ces deux plantes fourragères, on peut facilement obtenir trois coupes d'un fourrage abondant, varié et très-recherché par les animaux, offrant aussi, en outre, l'avantage de moins épuiser la terre.

La quantité de semence à répandre pour un hectare de terre est d'environ 50 kilos lorsqu'il est semé seul ; mais cette quantité doit être proportionnellement diminuée, si on vient à l'associer au trèfle.

Récolte et rendement.

Quoique le ray-grass d'Italie fané puisse donner un fourrage sec d'assez bonne qualité, ayant une valeur nutritive qui approche de beaucoup celle du foin des prairies, il est, malgré cela, préférable de le faire consommer en vert, et dans ce but on le fauche dès qu'il commence à fleurir.

Le rendement moyen d'un hectare de ray-grass d'Italie, lorsque cette plante est placée dans de bonnes conditions, peut s'élever, en moyenne, de 23 à 24,000 kilos de fourrage vert, représentant 7 à 8,000 kilos de fourrage sec. M. Trochu, à Belle-Isle-en-Mer, estimait le produit annuel qu'il obtenait en quatre coupes à 30,000 kilos de fourrage vert, soit 10,000 kilos de fourrage sec. Mais ce rendement est susceptible d'abord de s'accroître considérablement, si les prairies qui produisent sont susceptibles d'être irriguées. Ainsi, dans le Milanais, pays naturel à cette plante fourragère, les cultivateurs, au moyen des irrigations, obtiennent annuellement sept à huit coupes de ray-grass, qui donnent un produit s'élevant, en vert, jusqu'à 45,000 kilos, représentant 15,000 kilos de fourrage sec.

Il n'en faut pas davantage pour nous donner une idée des résultats qu'on pourrait obtenir de la culture du ray-grass italien sur les terres du Midi de la France, qui sont susceptibles de recevoir les bénéfices de l'irrigation.

Mais c'est surtout en Angleterre et en Ecosse, que, par une culture intelligente, on arrive à obtenir de cette plante des rendements fabuleux. On cite des cultivateurs qui obtiennent annuellement jusqu'à huit et dix coupes de ray-grass italien par hectare ; et chaque coupe est estimée, en moyenne, à 30,000 kilos de fourrage vert, ce qui porte le chiffre annuel de ce fourrage de 140 à 300,000 kilos. Ces chiffres, qu'on a peine à accepter, peuvent pourtant s'expliquer par le haut degré de fertilité que présentent certaines terres de l'Angleterre, par la nature du climat brumeux et humide de cette contrée; et nous devons nous rappeler ici que nous avons dit que c'était l'eau qui faisait l'herbe. Mais les soins de culture donnés à cette plante, les apports considérables d'engrais azotés qu'on lui donne viennent encore nous expliquer ces rendements incroyables. Les Anglais, après avoir convenablement préparé le sol qu'ils destinent au ray-grass, après l'avoir ensemencé avec beaucoup de soin, pratiquent un sarclage minutieux, dès que cette plante est levée. Puis ensuite ils lui fournissent de grandes quantités d'engrais azotés, tels que guano du Pérou, sulfate d'ammoniaque, nitrate de soude, préalablement dissous dans l'eau. Mais ils ne se contentent pas encore de ces engrais : le ray-grass est arrosé après chaque coupe avec du purin ou de l'urine étendus d'eau. Tous ces engrais, tous ces liquides, riches en principes azotés, concourent énergiquement au développement de l'herbe et nous expliquent les chiffres considérables de fourrage que nous venons d'indiquer et qu'il nous serait presque impossible d'obtenir en France. Mais nos cultivateurs n'en verront pas moins qu'en cherchant à imiter nos voisins, ils pourront considérablement augmenter le rendement en fourrage du ray-grass d'Italie.

Ray-Grass multiflore ou de Bretagne.

L'ivraie multiflore ou de Bretagne est moins connue que le ray-grass d'Italie; c'est cependant une plante fourragère qui peut rendre dans certains cas d'assez grands services. Aussi vigoureux que le ray-grass d'Italie, c'est une plante annuelle qui, pour donner d'assez bons produits, n'exige pas un sol

9.

aussi fertile : ajoutons aussi que son fourrage est plus grossier et moins bon. C'est surtout sur les mauvaises terres qui refusent de donner toute espèce de fourrages, que nos praticiens pourront en tenter la culture. En Bretagne, on en a obtenu de bons résultats sur de mauvaises terres de bruyères humides, sur de mauvais sables caillouteux, très-secs en été et humides en hiver. Ce ray-grass se sème seul en septembre ou octobre, à raison de 30 kilos de semence par hectare.

Les trois espèces de ray-grass que nous venons d'examiner, particulièrement les ray-grass anglais et d'Italie, sont pour la ferme de précieuses ressources fourragères, surtout utilisées comme pâturages ou fourrages verts. Si, comme nous l'avons vu, ces graminées ont l'inconvénient d'épuiser le sol, les cultivateurs peuvent d'abord parer à ces accidents en leur associant quelques légumineuses, trèfle rouge, trèfle blanc ou minette.

Mais, dans le cas même où on les cultivera seuls, et quand le rendement ordinaire qu'on en obtiendra ne dépassera pas annuellement 6 à 8,000 kilos de fourrage vert, on pourra facilement parer à l'épuisement en azote et en phosphate que cette culture cause au sol ; il suffira d'apporter annuellement à chaque hectare de ray-grass, 250 à 300 kilos de bon guano du Pérou, engrais qui, à cette dose, fournira approximativement au sol autant d'azote et de phosphate, qu'il en est contenu dans la récolte

de 8,000 kilos de ray-grass vert. Dans le cas où la
récolte obtenue dépasserait le chiffre que nous venons d'indiquer, en augmentant aussi la proportion
de guano ajoutée annuellement, on arriverait au
même résultat, c'est-à-dire maintenir au sol sa fertilité initiale.

CHAPITRE XV.

Culture du Brome de Schrader.

Les travaux auxquels nous venons de nous livrer, nous ont fait connaître les services que peuvent rendre tous les jours les fourrages à l'agriculture. Ces résultats donnent un puissant intérêt aux recherches qui ont pour but de créer à la ferme des ressources fourragères nouvelles. Aussi, nous ne pouvons pas terminer notre étude sans signaler à l'attention des cultivateurs une nouvelle plante fourragère proposée par M. Lavallée et désignée sous le nom de *brome de Schrader*, originaire de la partie la plus septentrionale des Etats-Unis. Le brome de Schrader est une graminée vivace, qui, à sa sortie de terre, a beaucoup de rapport avec l'avoine. Mais une végétation rapide lui fait bientôt perdre cette apparence et la fait ressembler à un jeune maïs. Elle acquiert, en effet, une hauteur qui dépasse un mètre. Arrivé à son développement, le brome a des tiges assez grosses et nourries, des feuilles larges et d'un beau vert, qui atteignent quelquefois la longueur de 60 à 70 centimètres, et qui constituent un fourrage très-recherché par tous les animaux. La fleur est un épillet complet, fournissant d'abondantes graines.

Des essais assez nombreux de culture de cette nouvelle plante fourragère ont été faits dans bien des localités, en France, en Angleterre et en Italie. S'il est vrai que, eu égard à la petite quantité de graines que chaque expérimentateur a pu se procurer, ces essais n'ont pu être tentés sur une grande échelle, nous devons néanmoins ajouter que les résultats obtenus ont été satisfaisants; car voici en quelques mots les conclusions que nous pouvons en tirer jusqu'à ce jour. Le brome de Schrader est une plante vivace très-rustique, pouvant donner annuellement quatre ou cinq coupes d'un fourrage abondant et recherché par les animaux de la ferme. Desséché et transformé en foin, il est pour les vaches un fourrage favorable à la production du lait. Il n'exige que peu de frais de culture et peut se maintenir quatre ou cinq ans sur le même terrain sans que son rendement soit amoindri. On peut le semer en toute saison : au printemps, en été et en automne. Comme il végète même pendant l'hiver, quand les froids ne descendent pas au-dessous de six à sept degrés, il nous offre l'avantage de donner à l'arrière-saison un fourrage très-utile à cette époque à la ferme. La rusticité de cette plante n'a rien qui doive nous étonner ; car il nous suffit de nous rappeler son origine. Les résultats obtenus par M. Vrignaud, membre du Conseil général de la Loire-Inférieure, et par M. Eugène Labiche, en Sologne, nous prouvent les avantages que peut offrir au praticien la culture du brome sur des terres siliceuses non calcaires ; puisque cette nouvelle plante fourragère peut prospérer sur de pareilles terres, nous voyons de suite que le brome de Schrader est appelé à jouer un grand rôle en Sologne, sur toutes les terres de cette contrée, où la nature du sol rend impossible la culture du trèfle, du sainfoin et de la luzerne. Le brome étant une graminée vivace qui pourra rester quelques années sur le sol, certains cultivateurs ont supposé un moment que cette plante pourrait s'emparer du sol à la manière du chiendent, et qu'alors il deviendrait difficile de la rompre, de la détruire, lorsqu'il s'agirait de lui faire succéder une autre récolte. Consulté à ce sujet, l'honorable propagateur de ce fourrage, M. Lavallée, a répondu que l'expérience lui avait appris que le brome n'avait aucun des inconvénients du chiendent, et qu'il serait tout aussi facile de le rompre et de le détruire que le ray-grass et les autres graminées qu'on cultive pour leur fourrage.

Les moyens indiqués jusqu'à ce jour pour créer un hectare de brome sont les suivants : « Donner à la terre qui va recevoir la semence, un bon labour assez profond, de la hauteur d'un fer de bêche, répandre deux hectolitres de semences, soit environ 40 kilos par hectare, donner ensuite un coup de herse qu'on peut faire suivre d'un roulage. » Quoi qu'on puisse le semer en toute saison, l'époque qui paraît la plus convenable est le printemps. Une fois semé, le brome lève au bout de quinze jours, et la première coupe peut avoir lieu deux mois après l'ensemencement. Dès que le brome a été fauché une fois, toutes les plantes vivaces qui s'étaient développées en même temps que lui, ne tardent pas à disparaître. Car, comme il talle beaucoup, il les étouffe et peut ensuite donner naissance à plusieurs coupes plus importantes que la première.

Il résulte de ce que nous venons de dire que les expériences faites jusqu'à ce jour permettent de supposer que le brome sera une nouvelle source de fourrage vert, et à des époques où l'on ne peut s'en procurer à la ferme. Certainement, il ne remplacera pas les trèfles, les luzernes, les sainfoins, mais il deviendra une culture utile et avantageuse, sur toutes les terres exemptes de calcaire, qui ne permettent pas, par leur nature, la culture des grands fourrages.

Du fauchage, du fanage et de la conservation des fourrages.

Nous venons de passer successivement en revue les principales plantes fourragères cultivées ou qui pourraient l'être dans nos localités. Tout incomplète que soit cette étude, elle a pu néanmoins nous convaincre du rôle important que jouent les fourrages à la ferme, soit comme alimentation du bétail, soit comme améliorant le sol, soit même comme moyen de fertiliser la terre par leur enfouissement en vert.

En indiquant par des chiffres la valeur nutritive de ces fourrages comparés au foin, que le cultivateur ne s'y trompe pas, nous n'avons eu qu'un seul but, celui de le guider dans les rations journalières à distribuer à ses animaux. Car, quoique les chiffres que nous avons donnés émanent de praticiens distingués, néanmoins le climat, le sol, les soins de culture étant autant de causes qui peuvent faire varier la valeur nutritive d'un fourrage, il devient impossible de la fixer d'une manière rigoureuse. Les chiffres que nous avons indiqués devront être considérés comme des bases approximatives, et pas davantage.

Mais tout n'est pas fini ; il ne suffit pas de bien cultiver à la ferme, car, à moins qu'ils ne servent de pâturages, les différents fourrages que nous donne la culture ont besoin d'être récoltés, et le praticien doit savoir en faire la récolte avec intelligence et les conserver avec soin, pour s'en faire des provisions qu'il utilisera selon ses besoins.

Ce que nous allons dire ici de la récolte des fourrages s'appliquera spécialement aux prairies naturelles et artificielles. Les règles que nous allons indiquer resteront les mêmes pour les autres plantes fourragères, sauf quelques modifications que par leur nature elles pourront exiger.

En général, la récolte d'un fourrage se fait au moment de la pleine floraison. Nous avons indiqué pourquoi il devait en être ainsi. Quant aux regains, s'ils ne servent pas de pâturages, on ne les récolte qu'en automne, en cherchant à profiter des dernières journées de chaleur pour leur fanage. Le travail complet de la récolte se compose des trois opérations suivantes :

Fauchage ou fauchaison ;

Fanage ou fenaison ;

Conservation des fourrages.

Du fauchage.

Quand l'époque de la récolte d'un fourrage est arrivée, époque qui varie avec le climat, le sol, la nature de la plante fourragère et les circonstances atmosphériques, on choisit un beau temps et on

coupe le fourrage au moyen de la faux qui sera
remplacée bientôt, espérons-le du moins, pour les
grandes exploitations, par des machines agricoles
désignées sous le nom de faucheuses ; car un certain nombre de ces machines ont aujourd'hui atteint
un degré de perfection qui ne peut plus laisser de
doute sur leur avenir.

Un fauchage convenable doit présenter les caractères suivants : le fourrage doit être coupé régulièrement et le plus près possible du sol, surtout pour
les prairies naturelles et artificielles. Dès que le
fourrage est coupé, soit par la faux, soit par la
faucheuse, il forme sur le champ des lignes longi-
tudinales qu'on désigne habituellement sous le nom
d'*andains*, et en Beauce sous le nom de *sangles*.
C'est dans ces conditions qu'on procède au fanage.

Du fanage.

Le fanage d'un fourrage quelconque n'est certainement pas une opération difficile, mais délicate et
d'une certaine importance, si l'on veut tout à la fois
conserver à ce fourrage son arôme qui le rend appétissant et sa valeur nutritive. L'opération du fanage
s'effectue à la ferme au moyen du râteau, de la
fourche ou des machines agricoles, désignées sous
le nom de *faneuses*. La meilleure méthode de fanage

nous paraît être celle qui nous est donnée par le *Dictionnaire usuel d'Agriculture*, et voici en quoi consiste cette méthode :

Vers neuf ou dix heures du matin, quand le soleil a entièrement dissipé l'humidité du sol, les faneurs commencent leur travail. Avec la fourche ou le râteau, ils retournent soigneusement, et sans les secouer, les *andains* ou les *sangles* de fourrage que les faucheurs ont abattus la veille, à peu près à la même heure, ou dans la matinée. Si le temps a été beau le jour du fauchage, le fourrage fauché est superficiellement fané, car il a reçu pendant la première journée les rayons du soleil. Les andains, ainsi retournés, restent de nouveau exposés aux rayons du soleil et à l'action de l'air. Dans cet état, tant que le fourrage conserve de la verdeur, il peut rester quelques jours en andains, pourvu qu'on ait le soin de le retourner si l'on s'aperçoit que le dessous jaunit. C'est encore le parti le plus sage à prendre quand on est menacé par les pluies.

Mais, lorsque le temps est favorable, dès que les andains ont éprouvé un commencement de dessiccation par leur exposition aux rayons du soleil et à l'action de l'air, il faut alors commencer à les étendre, à les disséminer un peu sur le champ pour achever leur complète dessiccation. A cette époque, il faut apporter le plus grand soin pour que le fourrage ne soit exposé ni à la pluie, ni à la rosée de la nuit qu'après avoir été mis en tas. Chaque soir, avant que la fraîcheur ne se manifeste, on en fait des tas très-petits lorsque la dessiccation commence, de plus gros lorsque la dessiccation est avancée. Tous les jours, lorsque la rosée du matin est dissipée et quand le beau temps se montre, on retourne plusieurs fois le fourrage dans le cours de la journée pour refaire les tas chaque soir. Quand le fourrage a acquis un degré de dessiccation convenable, ce que l'expérience apprend à connaître, on met le fourrage en grosses meules, ou bien on le transporte bottelé ou non bottelé au fenil de la ferme.

Comme nous le voyons, si le fanage d'un fourrage ne demande pas beaucoup d'intelligence, il exige au moins de la part du praticien beaucoup de soins, de surveillance et un temps assez long. C'est dans le but de rendre le fanage plus rapide et plus expéditif, qu'on a imaginé les faneuses, machines agricoles qui ont pour but d'éparpiller les andains, de les retourner et d'activer ainsi la dessiccation des fourrages.

Un fourrage bien fané se reconnaît à sa couleur verte, à sa souplesse et à son parfum, qui varie naturellement avec l'espèce du fourrage. Si le fourrage qui vient d'être fané présente une couleur grise ou sombre, c'est que le fanage en a été mal fait ou que des pluies sont venues entraver ce travail. Le fanage terminé, tout n'est pas encore fini, car il s'agit alors de conserver au fourrage les bonnes qualités que nous venons d'indiquer et qu'il présente lorsqu'il a été bien fané.

Conservation des fourrages.

La première condition que doit présenter un fourrage pour qu'il puisse conserver toutes ses qualités, c'est qu'il ait été bien fané. Le fanage devient donc une des opérations les plus importantes de l'économie agricole ; car, non-seulement de lui va dépendre la bonne conservation des fourrages, mais aussi plus tard la bonne alimentation des animaux. Quand donc le fourrage a acquis le degré de dessiccation convenable, ce que l'expérience apprend facilement à reconnaître, on arrive à le conserver à la ferme, soit en le plaçant en meules, soit en le mettant dans des granges, dans des greniers ou fenils, tantôt sans le botteler, tantôt après l'avoir bottelé.

Il est des localités où tous les fourrages sont mis en meules. Il en est d'autres où tout le fourrage est placé dans des greniers ou fenils, quelquefois on voit dans la même contrée du fourrage conservé en meules ou apporté au fenil.

Nous avons donc à signaler au praticien les avantages et les inconvénients de ces deux systèmes.

La conservation du fourrage en meules présente certains avantages : d'abord on n'a point à s'occuper des frais de construction ni d'entretien de bâtiments spéciaux. En meules, le fourrage sera toujours plus aéré, il conservera mieux alors son parfum et sera plus agréable pour le bétail. Cela est si vrai que dans les localités où le fourrage est tantôt mis en meules et tantôt apporté aux fenils, les praticiens savent parfaitement distinguer à l'odorat l'un d'avec l'autre. La conservation du fourrage en meules devrait donc toujours être préférée. Mais elle exige d'abord plus de travail, plus de soin et cause souvent de l'embarras, surtout sous les climats pluvieux. Le fourrage n'est en sûreté que lorsque les meules sont achevées et couvertes. Car s'il survient pendant leur confection de la pluie ou une averse, cet accident causera toujours une perte de temps et de fourrage, si même un travail défectueux n'amène pas plus tard de la pourriture dans les meules. Pour que le système de la conservation du fourrage en meules présentât une sécurité complète, il faudrait que les cultivateurs se décidassent à adopter la méthode à l'aide de laquelle on fait les meules hollandaises, dont le toit s'élève ou s'abaisse à volonté.

Nous ne dirons rien ici des meulons ou petites meules qu'on établit temporairement sur le champ même où le fourrage est récolté ; ils n'ont d'autre but que de terminer la dessiccation du fourrage : nous jetterons seulement un coup d'œil sur les meules construites à la ferme pour servir de provision d'hiver. On donne d'abord aux meules une forme ronde ou carrée, et on les établit, soit dans la cour, soit près des bâtiments de la ferme, afin que le personnel, chargé de l'alimentation du bétail, les ait facilement à sa disposition. Les meules rondes ont le sommet pointu, le milieu est renflé et la base se termine en se rétrécissant un peu; les meules carrées ont généralement la forme d'un rectangle allongé. Quelle que soit la forme qu'on donne aux meules, la première des conditions, c'est de les isoler du sol, soit au moyen d'un lit de paille, de tiges de colza, de branchages, de fagots, ou bien encore au moyen d'un plancher placé sur des pièces de bois ou des pièces de fonte. Si l'on négligeait cette première précaution, le fourrage touchant le sol s'imprégnerait de son humidité, pourrirait et serait perdu comme fourrage ; car il ne serait bon qu'à faire du fumier. Quelle que soit la forme qu'on veuille donner à une meule, on doit d'abord en limiter la base en traçant sur l'emplacement qu'on lui destine, un cercle ou un parallélogramme destiné à guider l'ouvrier chargé de sa confection. Si on lui donne la forme ronde, on place au centre une forte perche de bois, élevée perpendiculairement et fortement enfoncée dans le sol. Cette perche a pour but de servir de point d'appui au fourrage et doit dépasser un peu la hauteur qu'on veut donner à la meule. Ces précautions remplies, on amoncèle le fourrage, et en marchant dessus on le *tasse* régulièrement. Lorsque la meule a atteint la hauteur qu'on lui a assignée, on recouvre l'extrémité conique, si la meule est ronde, avec une forte gerbe, ou plusieurs gerbes placées dans la longueur, si elle est carrée. La meule terminée, pour la soustraire à la pluie qui compromettrait la valeur du fourrage, on a soin de la recouvrir de gerbes de paille plates, reliées les unes aux autres et *imbriquées*, comme les tuiles d'un toit.

Les meules peuvent contenir jusqu'à 30 ou 40,000 kilos de fourrage, et il est toujours prudent de les éloigner les unes des autres, afin que si le feu du ciel ou bien une main malheureuse ou coupable venait à en enflammer une, les autres ne soient point incendiées par communication.

Une fois le fourrage en meules, il subit un léger mouvement de fermentation qui peut durer quelque temps, mais qui, en rendant les fibres ligneuses plus tendres, plus faciles à briser, les rend plus nutritives. En même temps le fourrage se tasse de telle façon que lorsqu'on en a besoin pour la consommation, il est souvent difficile de le faire sortir de la masse, même avec des crochets. Aussi souvent on est obligé d'avoir recours à des instruments tranchants, dont la forme varie suivant les pays.

Tels sont, en général, dans nos localités, les moyens de conserver le fourrage en meules.

Conservation dans les bâtiments.

Dans un grand nombre de fermes, au lieu de mettre les fourrages en meules, on les conserve dans des fenils situés au-dessus des écuries, des étables ou des bergeries, ou bien encore dans des granges ou sous des hangars. Les fenils situés au-dessus des étables sont généralement d'une construction vicieuse. Ces bâtiments n'ayant pas habituellement de plancher, les cultivateurs sont obligés d'en construire un au moyen de perches assez fortes, plus ou moins rapprochées les unes des autres, reposant par leurs extrémités sur des poutres transversales ou sur les retraits des combles. Le fourrage fané est amené des champs, et il est alors serré dans ces fenils. Il est très-important qu'il soit régulièrement et convenablement tassé. La conservation du fourrage au fenil est un moyen économique; mais pendant son séjour, le fourrage y perd souvent de son arôme. Sans cesse exposé à l'humidité, aux émanations animales, il peut contracter une mauvaise odeur qui le rende moins appétissant, moins agréable au goût. S'il n'a pas été convenablement tassé, il peut présenter des moisissures qui le rendent désagréable et insalubre. Il serait donc à désirer que dans les bâtiments d'une ferme, les praticiens trouvassent des fenils bien convenablement planchéiés, pour que leurs fourrages ne fussent pas exposés aux inconvénients que nous venons de signaler.

Lorsque les fenils ne suffisent pas à la ferme, des cultivateurs serrent leurs fourrages dans des granges ou sous des hangars. Ces fourrages sont alors

10

placés dans des conditions plus avantageuses, car ils n'ont point à redouter les inconvénients dont nous avons parlé.

Nous venons de passer en revue les avantages et les inconvénients que présentent les différents moyens employés généralement pour la conservation des fourrages dans nos localités. C'est au praticien intelligent à choisir, en ne perdant pas de vue ce principe : *qu'un bon fourrage doit présenter les qualités suivantes : être agréable, nourrissant et salubre.*

En terminant cette étude, nous engageons les cultivateurs à ne jamais oublier que les fourrages forment la base de l'agriculture : en servant de nourriture journalière au bétail, ils servent aussi tous les jours à alimenter la machine à fumier, établie à la ferme.

Le fumier est le seul engrais qui améliore la terre et qui permette à l'homme d'en tirer constamment de beaux produits sans l'épuiser. Car nous l'avons dit en commençant ces études : l'agriculture est l'art de tirer du sol le plus de produit possible, au meilleur marché possible et en améliorant la terre.

Bientôt nous aborderons l'étude des racines et nous compléterons notre travail par la culture des céréales et des plantes industrielles. Ensuite notre tâche sera remplie et nous aurons l'espérance d'avoir fait une œuvre utile autant que désintéressée.

TABLE DES MATIÈRES.

10.

ERRATUM. — A la page 106, au lieu de lire dans
le titre le mot *ensemencement*, lisez : *choix des semences.*

www.ingramcontent.com/pod-product-compliance
Lightning Source LLC
Chambersburg PA
CBHW070505200326
41519CB00013B/2726